Axel Nauert

Nieten ohne Nadelstreifen

Cool, psychopathisch und skrupellos –
wie die neue Generation von Führungskräften
unsere Wirtschaft ruiniert

REDLINE | VERLAG

Bibliografische Information der Deutschen Nationalbibliothek
Die Deutsche Nationalbibliothek verzeichnet diese Publikation in der Deutschen Nationalbibliografie. Detaillierte bibliografische Daten sind im Internet über **http://dnb.d-nb.de** abrufbar.

Für Fragen und Anregungen:
lektorat@redline-verlag.de

1. Auflage 2018

Nymphenburger Straße 86
D-80636 München
Tel.: 089 651285-0
Fax: 089 652096

Redaktion: Bärbel Knill, Landsberg am Lech
Umschlaggestaltung: Marc Fischer, München
Umschlagabbildung: shutterstock.com/dima shiper
Satz: inpunkt[w]o, Haiger (www.inpunktwo.de)
Druck: GGP Media GmbH, Pößneck
Printed in Germany

ISBN Print 978-3-86881-712-6
ISBN E-Book (PDF) 978-3-96267-032-0
ISBN E-Book (EPUB, Mobi) 978-3-96267-072-6

Weitere Informationen zum Verlag finden Sie unter

www.redline-verlag.de

Beachten Sie auch unsere weiteren Verlage unter www.m-vg.de

Inhalt

Vorwort 5

1. Der Aufstieg des Dunklen: Das Phänomen Dark Leadership 9

2. Die Kinder von Social Media und Videoplattformen 15

3. Dummheit ist gefährlich: Die Sehnsucht nach starken Führern 31

4. Leben nach der 40-Sekunden-Regel: Die Zukunft der Arbeit in einer zunehmend digital geprägten Welt 43

5. Psychopathie – unter dem Deckmantel der Normalität 55

6. Erfolg der Egomanen: Dark Leadership im Alltag 83

7. Narzissmus – sag mir, wie großartig ich bin 89

8. SCARF oder was unser Gehirn möchte 115

9. Zurück ins Licht: Wie sich Unternehmen wehren können 127

10. Der Ursprung des Bösen 133

11. Volition – die Rückkehr der guten, alten Willenskraft 143

12. Warum Menschen wählen, wie sie wählen: Der Wunsch nach einfachen Wahrheiten 161

13. »Lilles« Weg: Alice Weidel und der Machiavellismus 167

14. Soziopathen – so ähnlich und doch völlig anders 173

15. Licht am Ende des Tunnels 181

Schlussbemerkung 193

Über den Autor 195

Anmerkungen 197

Stichwortverzeichnis 199

Vorwort

Ein Manager steht vor Gericht, weil er regelmäßig Schecks über fünfstellige Summen auf sich selbst ausstellte. Ein anderer wird in den USA in Handschellen und Fußfesseln vor den Richter gezerrt, weil er an einem Betrugsskandal beteiligt gewesen sein soll. Und in Australien müssen sich gleich mehrere deutsche Banker wegen fragwürdiger Aktiengeschäfte verantworten. Solche und ähnliche Nachrichten sind inzwischen schon zur Gewohnheit geworden. Wir haben uns dermaßen an Machenschaften von Führungskräften gewöhnt, dass wir das »Warum« kaum noch hinterfragen. Tatsächlich aber macht es durchaus Sinn, hinter die Fassaden der Führungsetagen zu blicken – auch weil wir so Fakten erfahren können, die uns selber in unserem beruflichen Alltag helfen. Denn dass immer wieder Führungskräfte vor Gericht stehen, hängt nicht zuletzt auch mit dem ausufernden Drang nach möglichst viel Profit zusammen. Damit, dass es gerade in großen Unternehmen kaum ein höheres Ziel gibt als die Steigerung des Shareholder-Values. Diese Gier nach Geld, verbunden mit der Gier nach Erfolg, führt schließlich zu fragwürdigen Entscheidungen. Und sie führt zu einer Kultur der *Dark Leadership,* in der sich gerade problematische Persönlichkeiten an die Spitze kämpfen. Diese Menschen denken letztlich nur an ihren eigenen Erfolg, können dabei aber einzelne Mitarbeiter, ganze Teile der Belegschaft oder sogar komplette Unternehmen in den Abgrund reißen.

Wir sprechen bei solch auffälligen Führungspersönlichkeiten auch von der *Dunklen Triade.* Dieser Begriff wurde im Jahr 2002 von den kanadischen Psychologen Delroy L. Paulhus und Kevin M. Williams geprägt, und er bezeichnet die Persönlichkeitsmerkmale Narzissmus, Machiavellismus, Psychopathie sowie deren Zusammenwirken.

Denn vor allem sie sind es, die wiederum das Phänomen *Dark Leadership* prägen, das ich in den folgenden Kapiteln behandeln und erläutern möchte.

Hören wir den Begriff *Narzissmus,* dann denken wir oft immer noch an den in sein eigenes Spiegelbild verliebten Narziss aus der griechischen Mythologie – wir denken also an Eitelkeit. Geht es jedoch um eine Führungspersönlichkeit mit ausgeprägtem Narzissmus, dann ist ihre mögliche Eitelkeit noch das geringste Problem. Nach heutigem Verständnis neigen solche Menschen vielmehr dazu, sich selbst maßlos zu überschätzen. Ebenfalls typisch ist ein starkes Bedürfnis nach Aufmerksamkeit und Bewunderung, das wiederum mit einem Mangel an Einfühlungsvermögen und Desinteresse an anderen Menschen gepaart ist.

Machiavellismus wiederum steht grundsätzlich für die Überzeugung, zur Erlangung oder Erhaltung von Macht sei jedes Mittel erlaubt – unabhängig von Recht und Moral. Ein Machiavellist strebt also nach Macht um ihrer selbst willen. Findet sich eine solche Person dann tatsächlich in einer Führungsposition wieder, dann agiert sie manipulativ, moralische oder ethische Kategorien bleiben außen vor. Alles geschieht nach dem Motto: Der Zweck heiligt die Mittel.

Zu den bekanntesten Persönlichkeitsmerkmalen gehört sicherlich die *Psychopathie.* Doch so häufig der Begriff – vor allem personalisiert, also »Psychopath« – auch verwendet wird, so falsch wird er oft genutzt. Tatsächlich ist ein Symptom der Psychopathie in ihrer unterschwelligen, subklinischen Form die hohe Impulsivität, es geht dem Psychopathen um die Suche nach dem Nervenkitzel. Verbunden ist damit ebenfalls ein wenig ausgeprägtes Einfühlungsvermögen. Zu diesen Eigenschaften kommt meist noch eine Reihe unbeliebter Merkmale wie Härte, Rücksichtslosigkeit, übersteigertes Selbstbewusstsein oder emotionale Kälte. Zusätzlich verfügt ein Psychopath über Merkmale wie etwa eine hohe Risikoneigung, Machtstreben und den Drang nach Selbstbestätigung. Diese Eigenschaften bringen oft einen hohen Grad an Extrovertiertheit mit sich, die wiederum eine große Faszination auf Mitmenschen auszuüben scheint. Häufig werden solche Personen gar für Visionäre gehalten. Auf der anderen Seite scheint es ein gewisses Maß dieser Charakteristika Führungskräften jedoch erst möglich zu machen, ihre Rolle auszufüllen und in dieser Rolle Risiken einzugehen.

Schon diese kurzen Beschreibungen sollten deutlich machen, dass bloßes Schwarz-Weiß-Denken beim Umgang mit dunklen Führungspersönlichkeiten wenig hilft. Dieses Buch soll dabei helfen, die verschiedenen Facetten zu erkennen, und es gibt Hilfestellung beim Umgang mit diesen Menschen. Daneben aber werde ich erklären, dass wir im Hinblick auf die Führungskräfte der nahen Zukunft noch ganz andere Faktoren berücksichtigen werden müssen, auf die bisher noch niemand überhaupt eingegangen ist. Wer etwa hat sich schon einmal gefragt, wie ein Vorgesetzter handelt, dessen in Sozialen Netzwerken geschultes Gehirn an ständige Abwechslung gewöhnt ist?

Immer wieder werde ich in den folgenden Kapiteln auch auf Menschen eingehen, deren Leben zumindest teilweise öffentlich stattfindet. Ich werde dabei auch auf die teils problematischen Persönlichkeiten der Einzelnen eingehen. Dabei wird es um Manager ebenso wie um Internetphänomene oder auch um ausgesprochen kriminelle Personen gehen. Ich mache das, weil fast jeder von uns ein mehr oder weniger oberflächliches Bild dieser prominenten Menschen und ihrer Persönlichkeiten im Kopf hat, das er oder sie anschließend vor dem Hintergrund des Begriffes *Dark Leadership* noch einmal neu bewerten kann. Ich tue das auch, weil jeder Leser diese Beispiele mit seinem persönlichen beziehungsweise beruflichen Umfeld abgleichen kann, und weil jeder die Entwicklung dieser Beispielpersonen medial weiterverfolgen kann.

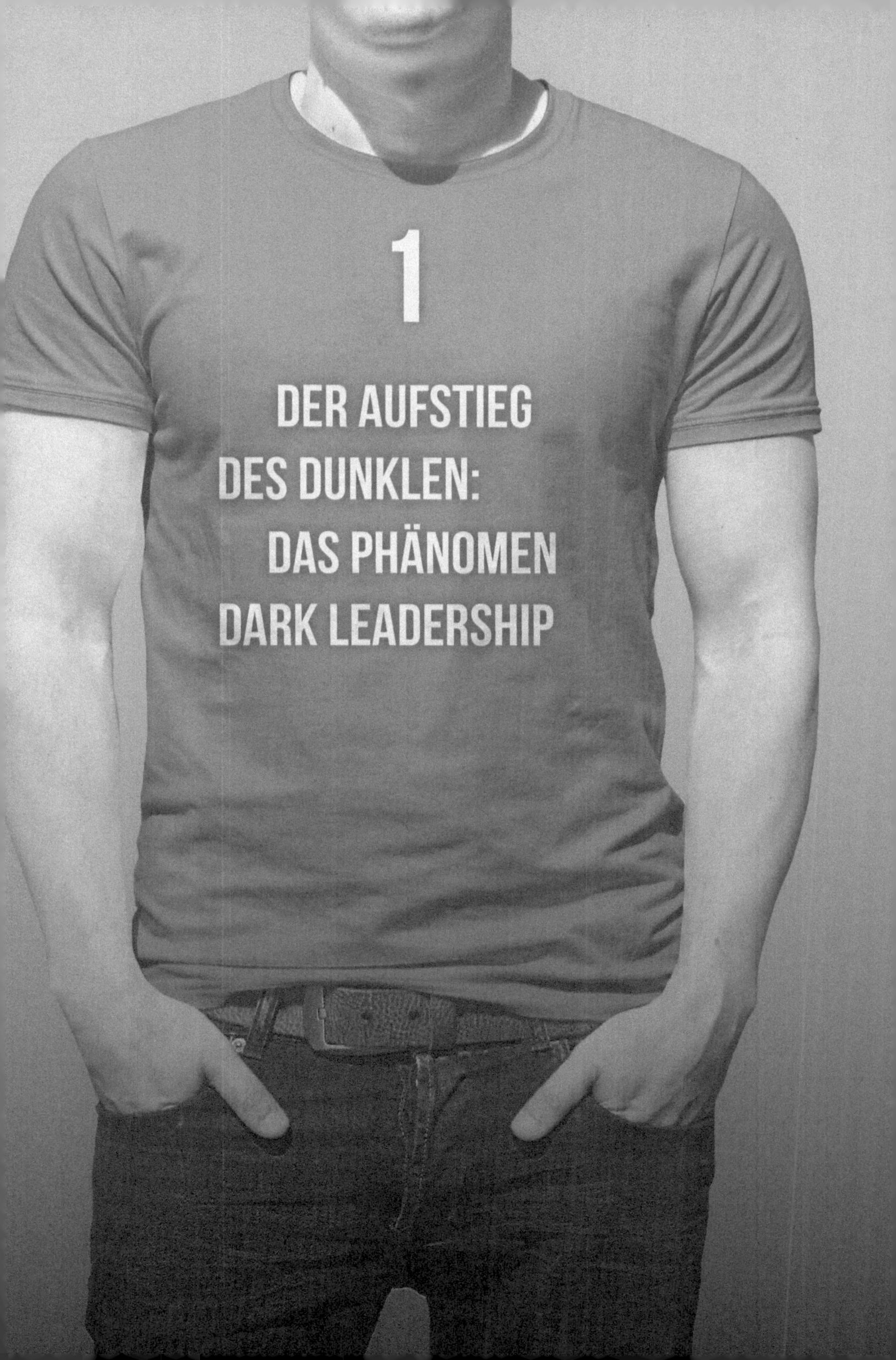

1

DER AUFSTIEG DES DUNKLEN: DAS PHÄNOMEN DARK LEADERSHIP

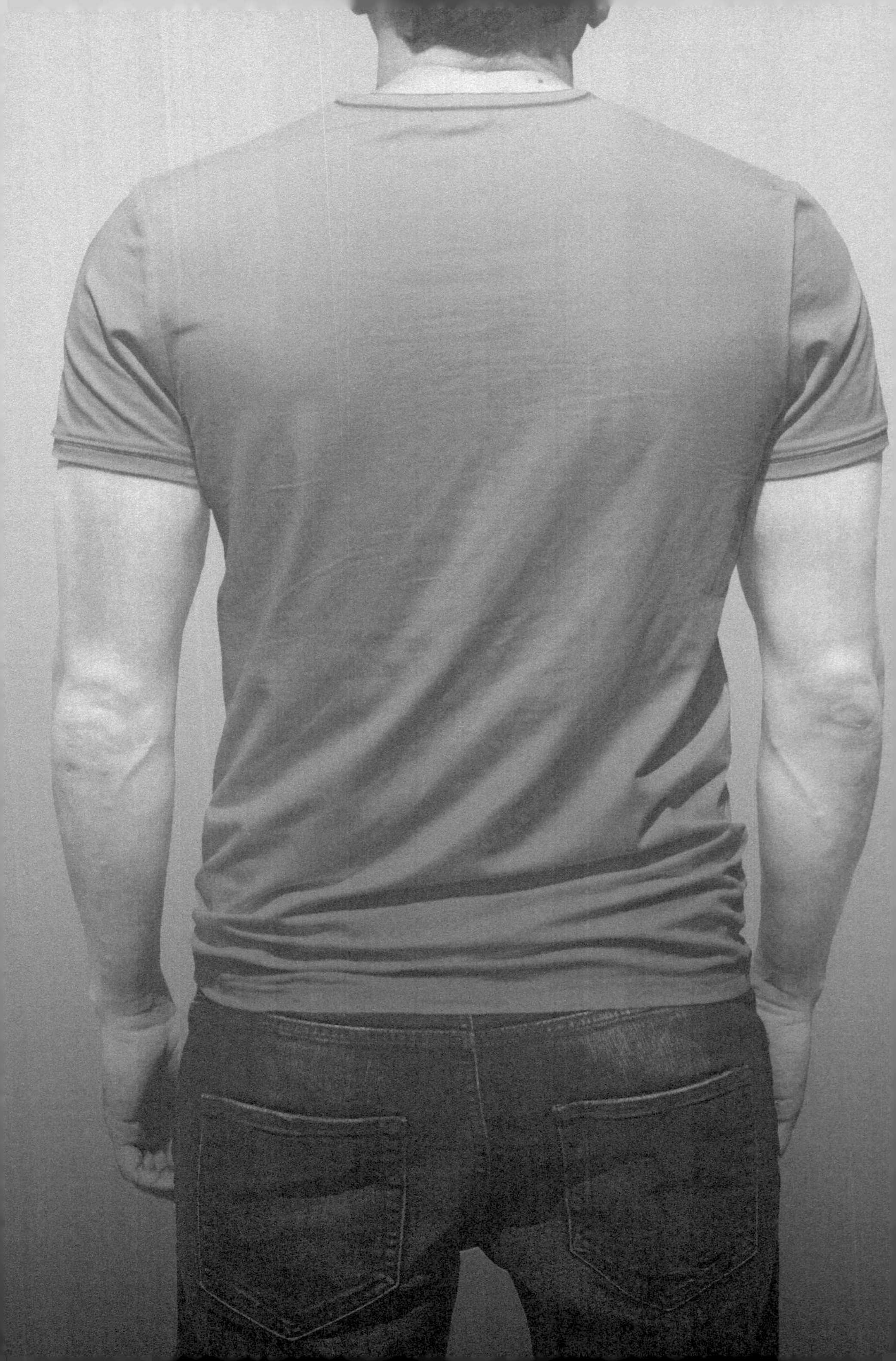

In meiner Arbeit und vor allem auch während meiner Seminare treffe ich immer wieder auf Menschen, die mir sagen, die von mir angesprochenen Themen seien äußerst interessant – dann aber fragen sie, ob eigentlich ihr Chef auch schon einmal in einem solchen Workshop war. Danach berichten sie dann, wie dieser Chef agiert, und dass der letztlich doch ein sehr gutes Beispiel für das Thema *Dark Leadership* wäre. Besonders häufig werde ich von Menschen angesprochen, die sehr erschöpft sind, die auch psychosomatische Beschwerden haben – von Kopf- oder Schulterschmerzen über Konzentrationsstörungen bis hin zu einer ausgewachsenen Depression. Es handelt sich nicht selten um Menschen, die mir sagen, sie hielten die Zustände in einem Unternehmen einfach nicht mehr aus. Der Chef agiere in einer Weise, dass sie gar nicht mehr wüssten, wer sie eigentlich seien – diese Menschen fühlen sich regelrecht destabilisiert. Dahinter verbirgt sich die unangenehme Wahrheit, dass es in den Unternehmen und vor allem bei den Führungskräften eine dunkle Seite gibt, die in den verbreiteten Trainings einfach nicht bedient oder berücksichtigt wird. Interessanterweise aber hat sich herausgestellt, dass solche Personen tatsächlich in allen Organisationen vertreten sind. Vor allem ist auch festzustellen, dass derartige Fälle deutlich zunehmen. Ich mache meine Arbeit nun seit rund 30 Jahren, und früher war es so, dass ich gelegentlich einmal mit einem solchen Fall konfrontiert wurde. Ich hatte es vielleicht alle paar Jahre einmal mit einer auffällig agierenden Führungspersönlichkeit zu tun. In den vergangenen fünf bis sieben Jahren jedoch stelle ich eine deutliche Zunahme derartiger Fälle fest. Vor allem in den letzten drei Jahren habe ich versucht, mehr zu dem Thema zu erfahren. Und ich habe auch nach systematischen Forschungen in diesem Zusammenhang gesucht. Mit dem ernüchternden Ergebnis, dass dieses Gebiet bisher offenbar nur ganz wenig erforscht wurde. Auch die Auswahl an Büchern zu diesem Thema ist sehr mager. Das wohl bekannteste Werk trägt den Titel *Snakes in Suits: When Psychopaths Go to Work*, und wurde im Jahr 2006 von dem kanadischen

Kriminalpsychologen Robert D. Hare veröffentlicht. Danach gab es jahrelang keinerlei Veröffentlichungen mehr zu diesem Thema. Erst in jüngster Zeit erhält es wieder mehr Aufmerksamkeit, auch weil sich gewisse Phänomene inzwischen durch Fortschritte auf dem Gebiet der Neuroforschung besser erklären lassen. Noch vor wenigen Jahren wurde das, was sich hinter *Dark Leadership* verbirgt, allein als Persönlichkeits- oder Charakterdeformation angesehen. Und es herrschte die Meinung, so etwas müssten die Mitarbeiter eben einfach aushalten. Heute wiederum wissen wir aber, dass es tatsächlich ungünstig für das Gehirn ist, mit einer solchen Person zusammenarbeiten zu müssen. Weil sich beobachten lässt, wie diese Zusammenarbeit die Persönlichkeit einer betroffenen Person regelrecht destabilisiert. Und zwar ganz erheblich. Die Destabilisierung kann sogar so umfassend sein, dass der Betroffene Suizid begeht.

Die Frage ist nun, warum manche Menschen andere derart destabilisieren. Die Antwort darauf lautet, sie tun es, weil sie davon einen persönlichen Gewinn haben.

Nun sehe ich es in meiner Profession als meine Aufgabe an, Menschen zu stärken. Ich möchte sie davor bewahren, krank zu werden, ich möchte sie auch davor bewahren, Schlafstörungen zu bekommen oder gar in eine Depression zu fallen. Ich will sie stärken, und genau daher kümmere ich mich als Psychologe um die Menschen. Dazu muss aber auch gesagt werden: Ich bin kein Psychotherapeut. Meine Arbeit dreht sich immer darum, was Menschen – und was menschliche Gehirne – in Organisationen tun. Weil ich genau das eben bereits seit einigen Jahrzehnten mache, kann ich auch sehr sicher sagen: Da hat sich etwas verändert und es verändert sich immer noch weiter. Die Achtzigerjahre waren noch geprägt von Aufbruch und Freiheit. Genau das aber hat sich geändert, eventuell sogar umgekehrt. Was nun eben auch dazu führt, dass sich gewisse problematische Persönlichkeitstypen in Führungsrollen durchsetzen können.

Mit diesem Buch möchte ich bewirken, dass Menschen diese Veränderung und die damit verbundenen Folgen erkennen. Ich möchte außerdem erreichen, dass Menschen ein klares Bild davon bekommen, mit wem sie es bei einer Führungspersönlichkeit tatsächlich zu tun haben. Die Leser sollen dekodieren können, warum diese Person möglicherweise schädliche Auswirkungen auf sie hat; sie sollen sich außerdem erklären können, warum sie selbst auf deren Handlungen in einer bestimmten Weise reagieren. Die Menschen sollen ebenfalls erkennen können, dass sie derartigen Vorgängen nicht schutzlos ausgeliefert sind. Denn gerade dieses Gefühl des Ausgeliefert-Seins ist es, durch das jemand in eine Depression rutscht. Niemand soll mehr das Gefühl haben, keinen Ausweg zu haben, sondern jeder Mensch soll die tatsächlichen Handlungsoptionen erkennen können. Optionen, die sich nutzen lassen, um zu handeln, um zu reagieren. Denn Leiden ist kein Schicksal. Wer die wahren Hintergründe seines Leidens erkennt, erkennt auch, dass er nicht hilflos oder ausgeliefert ist. Und er gewinnt das Wissen, wie er »gesund« darauf reagieren beziehungsweise handeln kann.

Durch meine langjährige Berufserfahrung als Psychologe weiß ich zudem sehr genau, dass es für den Umgang mit unterschiedlichen problematischen Persönlichkeiten auch unterschiedliche Strategien gibt. Daher sollen in diesem Buch auch die diversen Persönlichkeiten beziehungsweise Persönlichkeitsstörungen behandelt werden. Es soll aufgezeigt werden, wie diese Menschen funktionieren, wie sich ihre Störung in problematischem Handeln äußert, und wie wir schließlich mit ihnen umgehen können, um uns selbst zu schützen und besser zu fühlen. Damit wir so handeln können, dass unser eigenes Gehirn stabil bleibt und wir stabil durch unser Leben gehen.

2

DIE KINDER VON SOCIAL MEDIA UND VIDEO-PLATTFORMEN

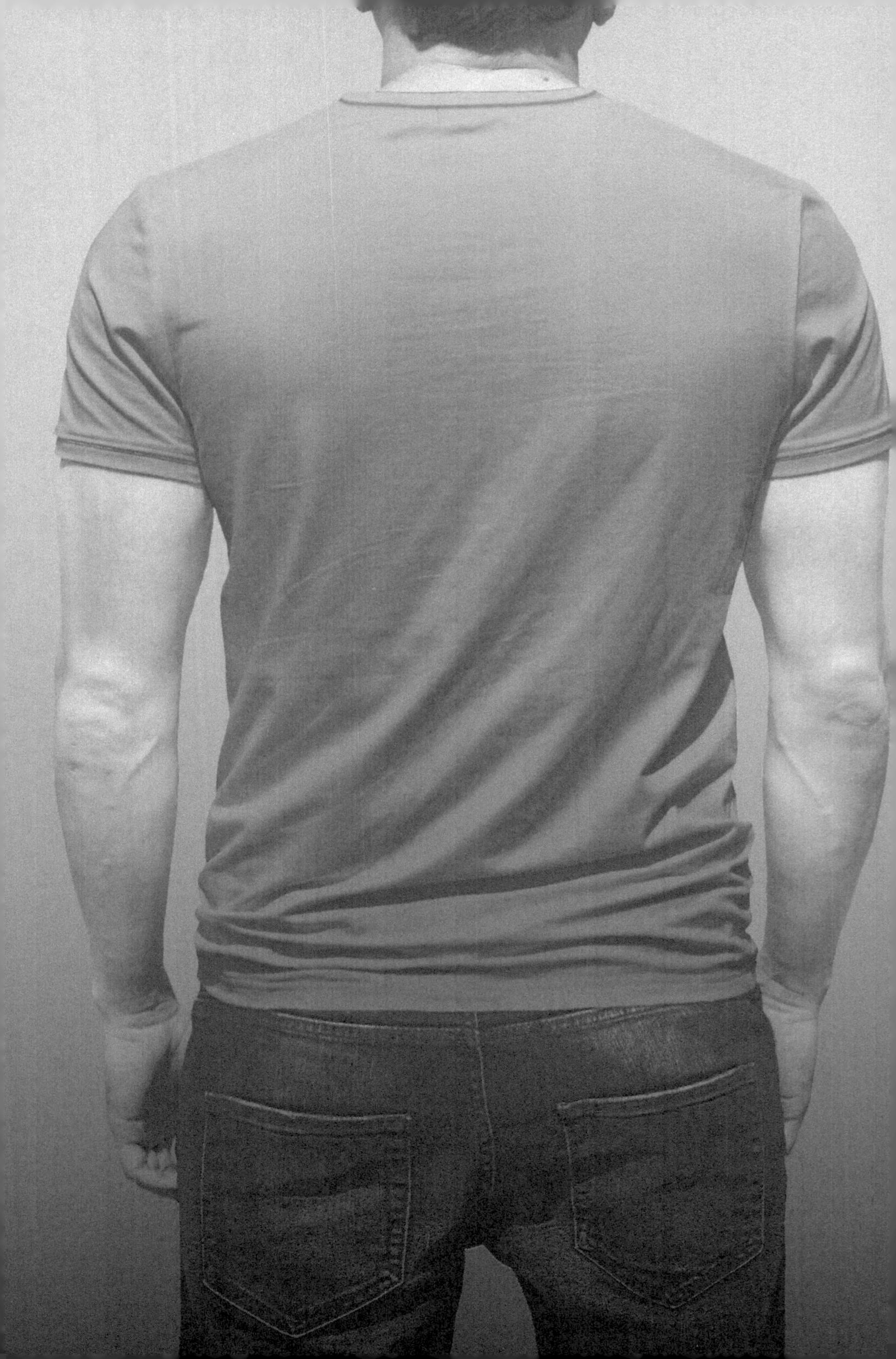

Reden wir von *Dark Leadership* und von den Schwächen der Manager unserer Zeit, dann dürfen wir nicht vergessen, wie sehr sich die Welt und damit auch die Führungspersonen in dieser Welt verändern. Die über Vierzigjährigen werden bei einem *Dark Leader* vermutlich an einen Vorgesetzten in einem herkömmlichen Unternehmen denken. Doch selbst bei jungen Start-ups gibt es inzwischen längst vollkommen andere Unternehmens- und Führungsstrukturen. Und was in der einen Welt ein Riesenthema ist, das wird in der anderen Welt im Grunde gar nicht mehr wahrgenommen. So beschäftigte etwa der Fall eines Logan Paul – auf den ich später noch intensiver eingehen werde – im Internet Millionen Menschen über Wochen oder gar Monate. In den traditionellen Medien dagegen, egal ob Tagesschau oder Zeitschrift, wurde all das mit kaum einem Wort erwähnt.

Was dann zu einer wesentlich weiterreichenden Frage führt: nämlich der Frage, was heute eigentlich noch einen Skandal provoziert. Früher ließ sich ein Skandal über ein Buch erzeugen, man konnte mit einer politischen Aussage empörte Aufmerksamkeit erzeugen. Dieser Skandal wurde dann auch von der gesamten Bevölkerung wahrgenommen, es war im Grunde ein Skandal, der alle betraf, oder von dem zumindest alle wussten. Heute dagegen scheint sich ein Skandal zunehmend auf eine Zielgruppe zu beschränken. Ein großer Skandal auf YouTube beschäftigt dort Millionen von Nutzern, wird außerhalb der Plattform jedoch überwiegend ignoriert. Umgekehrt sind diese Nutzer so mit dem Skandal auf ihrer Lieblingsplattform beschäftigt, dass sie sich kaum mehr etwa für einen politischen Skandal oder zweifelhafte Inhalte eines Buches interessieren.

Diese Separierung und diese Parallelwelten können künftig noch drastischere Auswirkungen haben. Wenn es etwa kein geteiltes Wissen und keine allgemein anerkannte Sicht der Dinge mehr gibt. Dann nämlich kann man die derart aufgesplitteten Communitys sehr gut und gezielt mit ausgewählten Informationen bedienen. Und das hat einschneidende Auswirkungen auf die nächste Manager-Generation. Die heute als YouTube-Kinder aufwächst, mit einem Star wie Logan Paul, und die das Geschehen auf der Video-Plattform für wichtiger hält als die reale Welt, wie sie die heutigen Erwachsenen kennen. Was wird diese Generation YouTube etwa darüber lernen, wie man Erfolge erzielt? In der Videoplattform-Welt haben diese Kinder gelernt, dass es gerade Einzelkämpfer an die Spitze bringen. Denn Erfolg auf YouTube beginnt in der Regel damit, dass sich eine Person selber filmt. Mal beim Spielen von Videospielen, mal, wie im Fall von BibisBeautyPalace, auch beim Schminken. Andere Personen spielen, wenn überhaupt, erst später eine Rolle. Wer mit seinen Videos Geld einnimmt, bezahlt damit schließlich Hilfskräfte, die gegen Bezahlung Aufgaben übernehmen, die dem YouTube-Star selbst widerstreben. Das bedeutet, dass so etwas wie ein Teamgedanke in dieser Welt so gut wie keine Rolle spielt. Die Vergangenheit jedoch hat gezeigt, dass Erfolge im Internet nur im Ausnahmefall von Dauer sind. Weil das eigene junge Publikum selber irgendwann erwachsen wird und sich in der realen Arbeitswelt behaupten muss. Oder weil einer erneut nachwachsenden Generation der einst so hippe YouTuber inzwischen zu alt erscheint und man sich lieber jüngeren Konkurrenten zuwendet. Sodass sich dann auch der einstige Online-Star in der alten, realen Welt nach Möglichkeiten umschauen muss, seine Brötchen zu verdienen. Nur ist er es eben nicht gewohnt, im Verbund mit anderen zu arbeiten, dabei womöglich Kompromisse eingehen oder sich zwischenmenschlich behaupten zu müssen.

Das Phänomen Social Media erhöht grundsätzlich das Selbstverständnis, sich als Einzelperson zunächst und vor allem um sich selbst zu kümmern, sich mit sich selbst zu beschäftigen. Unterstützt werden somit vor allem egomane Tendenzen und narzisstische Eigenschaften einer Persönlichkeit. Das wiederum geht einher mit dem, was man in Organisationen einen »nicht territorialen Arbeitsplatz« nennt. Der Einzelne hat also nicht mehr den einen Platz, an dem er immer sitzt. Kommt er morgens in die Firma, setzt er sich vielmehr irgendwo hin. Oder er arbeitet virtuell, sitzt also in seinem Homeoffice irgendwo auf der Welt, aus dem er via Datenleitungen mit seinen Auftraggebern verbunden ist. Ich habe also für meine Arbeit kaum mehr als mein Notebook dabei, weil ich eben auch kaum mehr benötige. Das unterstützt wiederum die Tendenz, die sich immer mehr verbreitet: Jeder Einzelne für sich sieht zu, dass er möglichst gut überlebt. Man agiert also letztlich in seinem persönlichen kleinen Universum und der Teamgedanke wird weitgehend verdrängt. So lässt sich auch die skandalöse Handlungsweise eines Logan Paul erklären, für den andere nur Beiwerk sind, um seine Ego-Schau zu unterstützen.

Logan Paul – kindischer YouTube-König von eigenen Gnaden

Logan Paul? In Deutschland und vor allem bei Personen ab einem Alter von, sagen wir 30 Jahren, wird dieser Name vermutlich mit einem Fragezeichen am Ende ausgesprochen werden. Weil diese Menschen schlicht nicht wissen, um wen es sich handelt. Speziell für Teenager in aller Welt dagegen ist Logan Paul einer der ganz großen Stars. Ein Star aus den Sozialen Medien, die längst jene Rolle übernommen haben, die einst Popstars für Kinder und Jugendliche ausfüllten. Daneben ist der 23-jährige US-Amerikaner aber auch ein Beispiel, wie auf diesen Wegen problematische Persönlichkeiten in eine Position geraten, in der sie quasi über Nacht ein Unternehmen mit Millionenumsätzen und zahlreichen Mitarbeitern anzuführen haben.

Aber erzählen wir die Geschichte chronologisch: Logan Alexander Paul wurde am 1. April 1995 geboren. Er wuchs mit seinen inzwischen getrennt lebenden Eltern und seinem jüngeren Bruder Jake Paul – heute ebenfalls ein bekannter YouTuber – im US-Bundesstaat Ohio auf, wo er die Highschool besuchte und während seiner Schulzeit Football spielte. So weit, so unauffällig.

Der Weg zum Online-Star begann für Logan Paul im Alter von 19 Jahren: Im Jahr 2014 veröffentlichte er auf der Internet-Plattform Vine erste Videos. Bei Vine handelte es sich um ein Portal zum Austausch sehr kurzer Filmaufnahmen. Registrierte Benutzer konnten sechs Sekunden lange Videoclips hochladen und sie – im Sinne eines sozialen Netzwerkes – mit anderen teilen. Bereits im Februar 2014 hatte Paul auf verschiedenen Social-Media-Plattformen mehr als 3,1 Millionen Follower erreicht. Diese Zahlen stiegen in der Folgezeit noch deutlich weiter an: Im August 2017 hatte er auf Twitter 2,4 Millionen Follower, auf Instagram waren es 16 Millionen, hinzu kamen 15,7 Millionen Likes auf seiner Facebook-Seite und inzwischen gut 16 Millionen Abonnenten auf YouTube. Eine Zusammenstellung seiner ursprünglichen sogenannten Vines, die er auf YouTube hochlud, erreichte über vier Millionen Aufrufe in nur einer Woche. Und: Seine Sechs-Sekunden-Videos brachten ihm Hunderttausende Dollar über Werbung ein. Im Oktober 2015 hatten allein seine Videos auf Facebook mehr als 300 Millionen Aufrufe.

Logan Paul war also schnell sehr erfolgreich, doch der Weg zum ganz großen Erfolg begann erst im Jahr 2016: Am 12. September des Jahrs veröffentlichte er seinen ersten Video-Blog – kurz Vlog genannt – auf seinem nach den kommenden Inhalten einfach »Logan Paul Vlogs« betitelten YouTube-Kanal. Bald schon wurden diese Vlogs täglich veröffentlicht, während er auf seinem Hauptkanal TheOfficialLoganPaul außerdem Kurzfilme postete.

Schon Anfang 2016 startete dann auch die Karriere als Werbeikone durch. Logan war auf dem Titelbild des amerikanischen Werbemagazins *Adweek* zu sehen, er war in Werbekampagnen für die Bekleidungsmarke Hanes, den Getränkeproduzenten Pepsi und den Fernsehsender HBO zu sehen. Daneben kaufte der US-amerikanische Kabelnetzbetreiber Comcast im Jahr 2018 Pauls Fernsehserie »Logan Paul VS«, in der der Jungstar sich unterschiedlichsten Herausforderungen stellte.

All das machte sich für den seinerzeit gerade Volljährigen natürlich auch finanziell bemerkbar. Bereits für das Jahr 2016 wurden seine Einkünfte auf 12,5 Millionen Dollar geschätzt.[1] Und zu diesem Zeitpunkt war immer noch kein Ende des Wachstums seiner Popularität festzustellen. Denn inzwischen macht Logan Paul auch Geld mit seinem Merchandising, etwa der seit 2017 angebotenen Modekollektion »Maverick by Logan Paul«, die er seitdem in jedem seiner von Millionen Nutzern aufgerufenen Videos bewirbt.

Mit dem weiter steigenden Erfolg wuchs um Logan Paul schließlich ein Team und letztlich ein Unternehmen, das diverse Menschen ernährte.[2] Alles schien wie eine unendliche Erfolgsgeschichte, in der eine Gruppe junger Männer Unsummen von Geld zur Verfügung hatte und glaubte, sich davon alles kaufen zu können. Nicht zuletzt einen ähnlich unendlich erscheinenden Spaß. Bis sich eines Tages zeigte, dass dieses Leben doch nicht immer nur aus Spaß besteht, sondern dass es auch Situationen gibt, in denen angemessenes Handeln erforderlich ist.

Am 31. Dezember 2017 veröffentlichte Logan Paul ein Video auf seinem YouTube-Kanal, das beschreibt, wie er gemeinsam mit anderen YouTubern den Aokigahara in Japan besuchte – einen Teil eines Nationalparks, der als »Selbstmord-Wald« zu zweifelhafter Berühmtheit kam. Besonders die Medien haben den Aokigahara immer wieder wegen einer erschreckend hohen Anzahl von Todesfällen thematisiert. Bei den Toten handelt es sich überwiegend um Selbstmörder, die in den Wald eingedrungen waren, um sich dort das Leben zu nehmen – überwiegend durch Erhängen oder Vergiften. Der Ruf des Aokigahara als Suizidstätte soll auf zwei Romane des japanischen Schriftstellers Matsumoto Seichō zurückgehen, in denen Selbsttötungen thematisiert wurden.

Logan Paul wollte mit seinen Begleitern 24 Stunden in dem Wald verbringen. Dabei allerdings entdeckten sie tatsächlich einen erhängten Körper. Sie ließen die Kameras laufen und zeigten Bilder des Toten später im Rahmen eines Vlogs mehr schlecht als recht unkenntlich gemacht. Schon nach kurzer Zeit war der Film mehr als sechs Millionen Mal auf YouTube aufgerufen worden. Nach dem Aufkommen heftiger Kritik löschte Logan Paul es schließlich. Trotzdem kursierte das Video weiter, da andere Nutzer es erneut hochluden.[3] Logan Paul bat schließlich sein Fans in einer Videobotschaft um Entschuldigung und nahm sich eine Auszeit. Doch wer dachte, danach würde ein geläuterter Logan Paul in die Sozialen Netzwerke zurückkehren, der hatte sich geirrt. Er machte vielmehr weiter, als hätte es den Vorfall nie gegeben: Wieder schien das Motto zu lauten, witzig zu sein um jeden Preis. Auch wenn genau das alles andere als witzig war. Er bearbeitete tote Ratten mit dem Elektroschocker, verpasste Zierkarpfen Herzmassagen und so weiter und so fort.

Logan Paul ist für mich ein Beispiel für einen Menschen, der mit Narzissmus vollgepumpt ist. Auf der anderen Seite aber ist er auch eine hysterisch-histrionische Persönlichkeit. Solche Menschen zeichnen sich durch ein egozentrisch-dramatisch-theatralisches, manipulatives und auch extravertiertes Verhalten aus. Typisch sind hier extremes Streben nach Beachtung, übertriebene Emotionalität und eine Inszenierung sozialer Beziehungen. Logan Paul zählt zu den Menschen, die sich selber immens toll finden und auf der anderen Seite über sich selbst gar nicht nachdenken oder nachdenken können. Informiert man sich über das Leben des YouTube-Stars, dann erkennt man in ihm auch eine Person, die Menschen aus ihrem engeren Umfeld einfach wegwirft, wenn sie ihm nicht mehr passen – oder wenn sie ihm gar widersprechen. Zu einem realen Leben scheint Paul inzwischen kaum mehr eine Verbindung zu haben. Für ihn ist das Leben das, was sich vor der Kamera abspielt, mit der er seine sogenannten Vlogs filmt oder filmen lässt. Nur noch sein mediales Leben scheint existent, aber eben nicht mehr das reale Leben. Das ist ohnehin ein verbreitetes Problem in der Welt all jener Personen, die sich vor allem über ihren Erfolg in den Sozialen Medien definieren – dort scheint es zunehmend zu einer Distanzierung von der realen Welt zu kommen. Sollte bei einem Menschen wie Logan Paul dann irgendwann der inzwischen gewohnte Erfolg ausbleiben, die Bewunderung des Publikums schwinden, dann gibt es vermutlich nur noch zwei Möglichkeiten: Entweder er hat bis zu diesem Zeitpunkt so viel Geld anhäufen können, dass er sich die Bewunderung des Publikums wieder erkaufen kann – oder er suizidiert sich.

Sieht man den Fall Logan Paul von der unternehmerischen Seite her, dann stellt sich die Frage, ob ein solcher Mensch fähig ist, sein Imperium beziehungsweise sein Team auch wie ein Unternehmer zu führen. Für mich lautet die Antwort eindeutig: Er kann es nicht. Ein Unternehmen wie das Team des Logan Paul funktioniert nur dann, wenn es erfolgreich ist. Es funktioniert, weil es Unmengen an Geld einbringt. Kommt es jedoch zu Komplikationen und besagtes Geld fließt nicht mehr, dann ist es um die Führungsperson Logan Paul geschehen.

Auf der anderen Seite würde ein solcher Mensch, nur um den früheren Erfolg nochmals zu erleben, noch größere Dummheiten als zuvor begehen. Denn dümmer geht immer. Was letztlich wohl auch das grundlegende Motto für den Weg eines Logan Paul wäre. Alles wird getan, wenn sich damit die höchstmögliche Aufmerksamkeit erzielen lässt. Das lässt sich schon in der Vergangenheit des Logan Paul erkennen. Zum Beispiel in dem immer wiederkehrenden Spielen mit Tabus. So hat er einen Kleinwüchsigen in sein Team aufgenommen, um mit diesem vermeintlichen Freund vor der Kamera seine Späße zu treiben.

Logans ähnlich erfolgreicher Bruder Jake zeigt übrigens inzwischen sehr deutlich, wie es hinter den Fassaden solch erfolgreicher Jungunternehmen aussehen kann. Der gründete mit seinen Millionen nämlich das sogenannte Team 10 – ein Kollektiv, das ein Haus in Los Angeles bezog und das neben Jake Paul aus neun weiteren YouTubern bestand. Nach außen propagierte die Gruppe den alles verbindenden Teamgedanken und dass dieses Team vor allem viel Spaß hatte. Nachdem allerdings Logan Paul in die Kritik geraten war, zeigten sich bald auch im Team 10 erste Erosionsspuren. Im Frühjahr 2018 erklärten zunächst zwei der Teammitglieder ihren Ausstieg. Bald schon wurde über die Hintergründe dieses Schrittes spekuliert. Gerade einer der Ausstiege nährte die Vermutung, das Kartenhaus stürze bald ein: War doch dieses Teammitglied nicht allein als Talent vor der Kamera zu sehen gewesen, sondern auch im Hintergrund als Chief Operating Officer (COO) tätig und somit die Nummer zwei im Team hinter Jake Paul. In Fankreisen war man sich bald sicher, dass Jakes Vater Greg Paul etwas mit dem Ausstieg zu tun hatte. Denn der ziehe zunehmend die Fäden und entlasse auch Personal, das zuvor von Teammitgliedern eingestellt wurde. Auch Beleidigungen würden innerhalb des so verschworen erscheinenden Teams inzwischen zum Alltag gehören.

Was letztlich vor allem eines deutlich macht: Auch ein höchst erfolgreiches Start-up mit überaus »hippen« Führungspersönlichkeiten wird zum Problemfall, wenn die dunkle Seite der Chefetage in den Vordergrund tritt.

Ich, ich, ich – und ich: Die Generation Influencer

Vor diesem Hintergrund stellt sich vor allem eine Frage: Wohin bewegt sich unsere Arbeitswelt und ihre Führungskultur? Treiben wir die egomanische Sicht der Dinge weiter voran und denken die Menschen quasi nur noch in Ich-Form, dann werden sie so auch weiter agieren, wenn sie in eine Organisation kommen. Kollegen sind dann quasi nur noch Fremdkörper, die der Entfaltung des Ich im Wege stehen.

Hinzu kommt noch der viel zitierte Begriff des Influencers, des Beeinflussers. Mit diesem Begriff werden erfolgreiche Social-Media-Persönlichkeiten etikettiert, weil sie mit ihrem Handeln großen Einfluss auf die Meinungen und das Tun ihrer Follower beziehungsweise Fans haben. Vor allem aber weckt der Begriff in eben jenem Influencer auch das Selbstverständnis, einen höheren Stellenwert zu besitzen. Diese oft noch sehr jungen Menschen wachsen mit dem Bewusstsein auf, in irgendeiner Art und Weise wichtig zu sein. Sie fühlen sich wertvoll, vor allem aber wertvoller als diejenigen, die ihnen online folgen. Wie aber soll sich ein solcher Mensch einmal in einen Arbeitsprozess integrieren, in dem ihm niemand irgendeinen Sonderstatus einräumt? Mittlerweile treibt der Begriff des Influencers seltsame Blüten. Als Influencer und damit angeblich wichtig werden nämlich nicht mehr nur diejenigen bezeichnet, die wirklich eine Fangemeinde in Millionengröße vorweisen können. Wenige Tausend Aufrufe eines Videos reichen heute bereits aus, um dieses Etikett verliehen zu bekommen. Das beruht auf einem seltsamen Zusammenwirken von Social Media und traditionellen Medien. In den traditionellen Medien herrscht eine weitgehende Unkenntnis über die Regeln der Social-Media-Welt. Um sich aber als Kenner auszugeben, nutzt man dort die Begriffe, die man aus dieser Welt aufschnappt – wie Influencer –, wann immer das irgend möglich ist. Die Social-Media-Stars wiederum nehmen diese Anerkennung der nicht-digitalen Welt dann gerne an, um sich in ihrer digitalen Welt damit zu schmücken. Auch wenn sie ihrerseits von den analogen Medien nicht die geringste Kenntnis haben.

Das alles hat vor allem eines zur Folge: Das Ego wird immens aufgebläht. Jeder mag sich selbst einmal überlegen, wie er oder sie damit umgegangen wäre, hätte man in früher Jugend schon Beachtung und Bewunderung aus aller Welt oder zumindest aus dem gesamten deutschsprachigen Raum erfahren. Auch aus der vordigitalen Welt kennen wir schließlich die vielen Geschichten einstiger Kinderstars, die nicht damit fertigwurden, dass sie mit zunehmendem Alter nie mehr an frühere Erfolge anknüpfen konnten. Längst nicht alle von ihnen haben es geschafft, sich in der normalen Welt durchzusetzen, viele sind an ausbleibenden Erfolgen zerbrochen, haben sich womöglich auch in Drogen geflüchtet.

Auch die Social-Media-Stars unserer Zeit bekommen etwas, das früher sonst nur Rockstars kannten. Ja, sie *sind* die heutigen Rockstars.

Begeben sie sich in die Öffentlichkeit, dann sind sie schnell von kreischenden Teenagern umgeben, selbst erwachsene Medienmacher verbeugen sich vor ihren Erfolgen. Und das Geld fließt in wahren Strömen.

Die Samwer-Brüder – mit Kopien zu Milliarden

Nicht nur in den USA, auch in Deutschland gibt es erfolgreiche Internetunternehmer. Nur sind die in ihrer Heimat weit weniger bekannt als die internationalen Größen. Der Name Samwer etwa ist in der Öffentlichkeit nahezu unbekannt. Und das, obwohl Millionen dieser Menschen zum Beispiel online Schuhe und Mode bei dem Versandhaus Zalando kaufen, das ohne die Samwers vermutlich nicht zu dem geworden wäre, was es inzwischen ist.

Hinter dem Namen Samwer verbergen sich die drei Brüder Marc, Oliver und Alexander. Wobei gerade Oliver als der eigentliche Star der Familie gilt und auch schon als deutscher Mark Zuckerberg bezeichnet wurde. Gemeinsam betreiben die Drei Rocket Internet, ein Unternehmen, das immer wieder als eine Art Start-up-Maschine bezeichnet wird. Vereinfacht zusammengefasst besteht das Geschäftsmodell darin, Unternehmen zu gründen und sie anschließend wieder zu verkaufen. Das allein hat schon Kritik ausgelöst. Doch noch viel kritikwürdiger ist das eigentliche Konzept des Unternehmens: Es werden keine eigenen Ideen umgesetzt, sondern die Erfolgsmodelle anderer dreist kopiert.

Gegründet wird zudem nicht nur in Deutschland, sondern in aller Welt. Oliver Samwer gilt derzeit als einziger Internetunternehmer Deutschlands mit globalem Anspruch. In den späten Neunzigerjahren gründete er mit seinen Brüdern einen eBay-Klon in Deutschland, den man wenig später für mehrere Millionen an eBay in den USA verkaufte. Danach wurde der Klingeltonanbieter Jamba aufgebaut, ein paar Jahre später folgte die Gründung des Onlinehändlers

Zalando. Das Modeunternehmen ist eine der erfolgreichsten deutschen Internetfirmen.[4]

Geht es um die Samwers beziehungsweise speziell Oliver Samwer, dann wird immer wieder auch die Frage gestellt, was das denn für ein Mensch sei. Wie tickt jemand, der immer wieder Ideen anderer nutzt, um daraus Gewinn zu schlagen, und es letztendlich zu einem geschätzten Gesamtvermögen der Brüder von 1,7 Milliarden Euro bringt? Was ist das für einer, dem ein autoritärer und »unberechenbarer« Führungsstil und ein ethisch bedenkliches Geschäftsgebaren vorgeworfen wird?[5] Das Handelsblatt schrieb im Jahr 2014 über Oliver Samwer, dass sich sein Führungsstil perfekt für Mitarbeiter eigne, die wenig Widerworte geben. Samwer sei für eine Mentalität von »Zuckerbrot und Peitsche« berüchtigt – nur lasse er dabei das Zuckerbrot weg. Seine Messlatte für Mitarbeiter liege so hoch und es gebe so wenig Lob, dass es die Menschen eigentlich demotivieren müsste. Doch im Einzelgespräch zeige Oliver Samwer dann wieder eine dermaßen charmante Seite, dass viele ihm anschließend ihre Qualität beweisen wollten.

Ohnehin zeige Samwer immer wieder deutlich widersprüchliche Reaktionen. So wird von dem Fall eines Mitarbeiters erzählt, der nach dem Absenden einer Mail die Toilette aufgesucht hatte. Nachdem Oliver Samwer die Nachricht gelesen hatte, sei er in das Büro geplatzt und habe geschrien, wo der Mitarbeiter denn sei. Als man ihm von dessen Toilettengang berichtete, sei er durch den Raum gestürmt, habe gegen die Klotür gehämmert und gebrüllt, er solle rauskommen. Der Kollege tat wie geheißen, wurde vor Dutzenden Mitarbeitern beschimpft und schließlich gefeuert. Wie so viele andere, die Samwer in einem Wutanfall entlassen habe, habe aber auch dieser Mitarbeiter später wieder weiterarbeiten dürfen. Andernfalls wäre ein geregeltes Arbeiten wohl inzwischen unmöglich: Denn es sei an der Tagesordnung, dass Oliver Samwer cholerische Tobsuchtsanfälle bekäme, während derer er Mitarbeiter vor die Tür setze und durchaus auch handgreiflich werden könne.

Persönlichkeiten wie Oliver Samwer beziehen meiner Meinung nach einen großen Teil ihrer Motivation aus dem Wunsch, der Beste zu sein. Genau das wurde ihm wie auch seinen Brüdern quasi in die Wiege gelegt. Wuchsen sie doch in einer wohlhabenden Kölner Familie auf. Ihr Vater Sigmar-Jürgen Samwer war ein Rechtsanwalt, spezialisiert auf Presse- und Wettbewerbsrecht. Er vertrat unter anderem Literaturnobelpreisträger Heinrich Böll und den ehemaligen Bundespräsidenten Karl Carsten. Ehefrau und Mutter Sabine Samwer war ebenfalls Rechtsanwältin. Auch der Rest der Familie kann durchaus als erfolgreich bezeichnet werden. Großonkel Adolf Franz Samwer etwa saß als CDU-Abgeordneter im Bundestag, war zudem Vorstandsvorsitzender der Deutschen Krankenversicherung. Urgroßvater Karl August Friedrich Samwer wiederum war Ehrenbürger der Stadt Gotha und leitete von 1903 bis 1930 die Gothaer Lebensversicherungsbank. Schon Ururgroßvater Karl Friedrich Lucian Samwer war Professor für Staatsrecht in Kiel und Regierungsrat im Staatsministerium von Sachsen-Coburg und Gotha. Ein langer Stammbaum erfolgreicher Personen also, ein Stammbaum, an den wohl die drei Samwer-Brüder anzuknüpfen versuchen.

Der Wunsch ganz oben mitzuspielen spricht sicher in gewissem Maße für eine narzisstische Persönlichkeit. Dennoch trifft das nach meiner Einschätzung für Oliver Samwer nicht ganz zu. Was viel deutlicher hervortritt, ist das Maß an Dominanz, mit der er an Dinge herantritt – sei es StudiVZ oder andere seiner Unternehmen beziehungsweise Start-ups. Samwer ist letztlich vor allem ein hart kalkulierender Investor, der über eine sehr starke Willenskraft verfügt. Er ist jemand, der Menschen antreibt, und dem letztlich alles andere egal ist, solange sich sein Investment am Ende auszahlt. Das Auftreten Oliver Samwers als Führungskraft ist für mich gleichzeitig ein deutliches Zeichen, dass er über sehr wenig Empathie verfügt. Im Kern will ein Mensch wie er einfach nur gewinnen.

Für psychopathische Züge spricht bei ihm zudem der Umstand, dass er immer wieder Erfolgsmodelle dreist kopiert. Er probiert einfach, ob er erwischt wird, oder ob er mit den Kopien durchkommt. Sei es seine Amazon-Kopie »Jumia« in Afrika oder seine Airbnb-Kopie »Wimdu«. Er probiert es einfach, und wenn er dann doch erwischt wird, dann tut es ihm öffentlich so leid wie möglich. Danach probiert er es wieder – und ist mit dieser Methode auch immer wieder recht erfolgreich.

Was aber auch noch zu sagen ist: Die einzelnen Firmen des Imperiums werden zwar auf einen Gesamtwert von 1,5 Milliarden Euro geschätzt. Doch viele dieser Unternehmen sind nicht profitabel – womit die Samwer-Brüder aber kein Problem zu haben scheinen. Sie zeigen vielmehr, dass mit einer gehörigen Portion Rücksichtslosigkeit und Eigennutz auch ohne solchen Profit Geld zu scheffeln ist.

3

DUMMHEIT IST GEFÄHRLICH: DIE SEHNSUCHT NACH STARKEN FÜHRERN

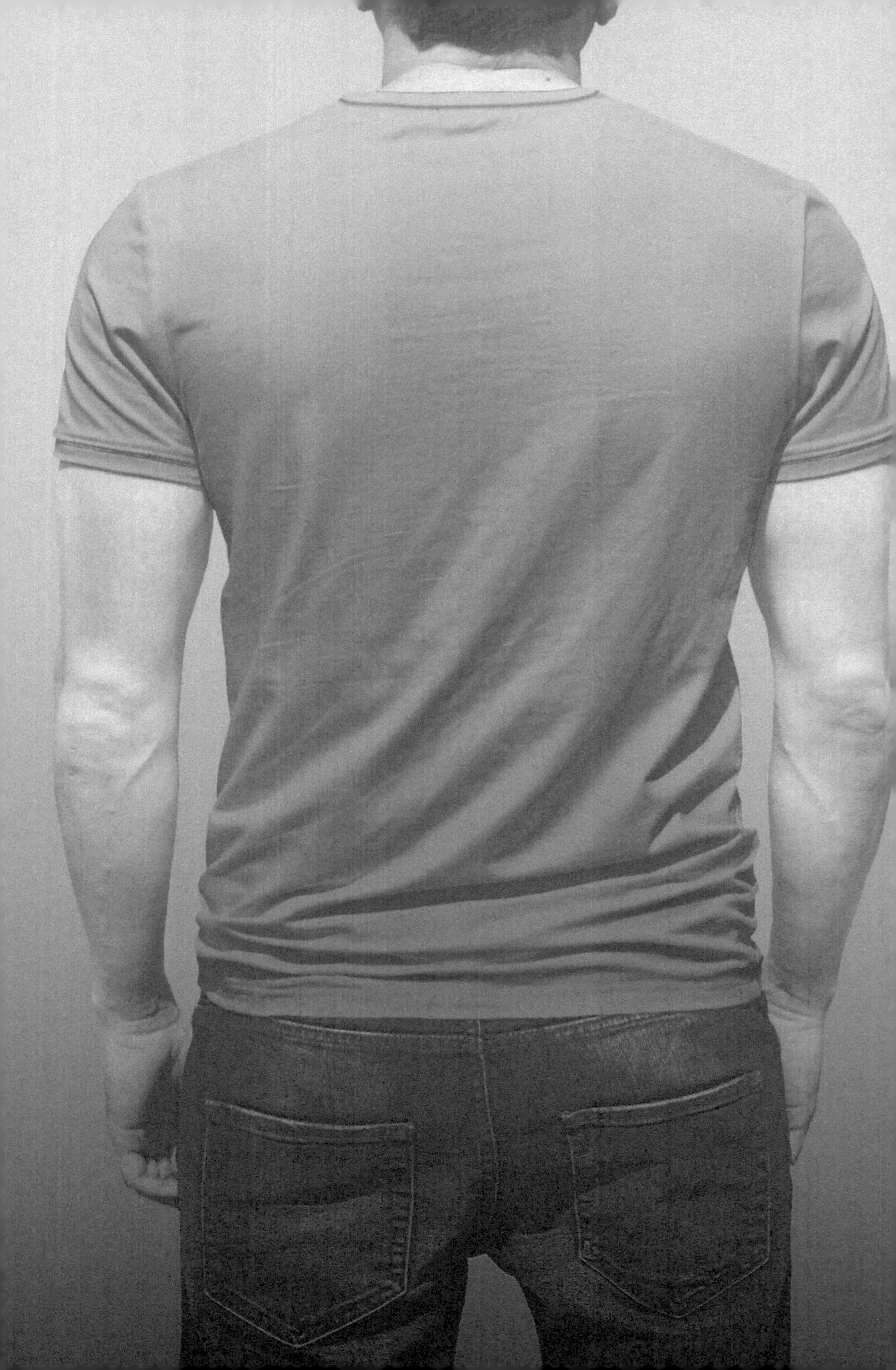

So sehr wir eine Zunahme von Social-Media-Phänomenen erkennen können, so sehr kann man auch eine weitere sehr interessante Entwicklung beobachten, die sich gerade in der Politik abspielt. Eine Entwicklung, die aktuell quasi immer neue Kaiser schafft. So hat im März 2018 etwa Chinas Nationaler Volkskongress mit großer Mehrheit die Amtszeitbegrenzung des Präsidenten aufgehoben, sodass nun Staats- und Parteichef Xi Jinping bis zu seinem Lebensende Präsident bleiben kann. Die Unterstützer der Verfassungsänderung argumentierten, diese Änderung bringe dem Land »mehr Stabilität«. Im Internet dagegen stieß die Änderung auf Kritik, die allerdings mit Zensur beantwortet wurde.[6] Solche und ähnliche Entwicklungen lassen sich jedoch nicht nur in China, sondern auch in anderen Ländern registrieren. Nehmen wir etwa Ungarns Viktor Orbán oder den türkischen Präsidenten Recep Tayyip Erdogan. Vor rund acht Jahren versprach Viktor Orbán eine nationale Revolution in Ungarn. Und er hat Wort gehalten. Das Land ist heute eine Autokratie, die von der EU gefördert wird. Inzwischen fordert der Premier sogar eine Verfassungsänderung, die Demonstrationen vor den Wohnhäusern von Politikern untersagt, damit diese nicht mehr belästigt werden.[7] Ganz anders, aber doch ähnlich, ist das, was in der Türkei unter Erdogan geschieht: Nach einer anfänglichen Phase der Demokratisierung und wirtschaftlichen Reformen entfernt sich die Türkei unter Erdogans Präsidentschaft seit Mitte der 2010er-Jahre zunehmend von demokratischen und rechtsstaatlichen Standards. Das von ihm gestaltete System zielt auf den Ausbau seiner eigenen Macht, die im Jahr 2019 durch die Umwandlung des parlamentarischen Systems mit weitgehend repräsentativem Präsidentenamt in ein autoritäres Präsidialsystem zementiert werden soll.[8]

Ein Blick auf die Medien verrät, dass gerade diese Politiker mit ihrem eher extremen Gebaren besonders viel Beachtung genießen, während gemäßigte Kräfte in Europa, die durchaus ihre Arbeit machen, und die diese Arbeit auch gut machen, deutlich weniger mediale

Präsenz erhalten. Das gibt Anlass zur Sorge, dass polarisierende, extreme Ansichten immer weiter in den Vordergrund rücken.

Auch das Phänomen *Dark Leadership* passt in diesen Kontext. Vermutlich hat es zu jeder Zeit Wähler mit einer mehr oder weniger rechten Gesinnung gegeben, und zwar wohl immer auch in einer ähnlichen Größenordnung. Nur wurden deren verbale Attacken früher nur am Stammtisch in der Eckkneipe geäußert und sie verbreiteten sich kaum über diesen Raum hinaus. Heute dagegen hat auch der Dümmste verstanden, wie etwa Facebook funktioniert. Und er hat auch verstanden, dass er auf diesem Weg deutlich mehr Zuhörer erreicht, die dann auch auf die Äußerungen reagieren, ihnen womöglich sogar zustimmen. Die rechten Wähler, die sich einst also nur im Einzelfall trauten, ihre häufig kruden Ideen öffentlich zu äußern, wagen sich heute in den öffentlichen virtuellen Raum, weil sie dort auf Gleichgesinnte treffen. Sie können im virtuellen Raum sogar eine Art Führungsrolle übernehmen – indem andere ihren Äußerungen zustimmen und ihnen folgen. Eine Art *Dark Leadership* einer gänzlich anderen Art also – eine Leadership der Dummen.

Letztlich kann man sagen, Social Media und der damit verbundene Triumph der Dummen führt zu einem bislang nicht gekannten Ausmaß an Aufmerksamkeit für solche Personen und ihre Themen. Auf diese Weise werden zuvor unscheinbare Personen plötzlich wichtig und sie werden auch attraktiv. Was einzelne Beteiligte schließlich glauben lässt, sie seien tatsächlich Teil einer umfangreichen Bewegung.

In dieser Entwicklung finden sich zum einen Parallelen zu dem Umstand, dass der Mensch sich gerne einer Mehrheit und deren Verhalten anschließt. Gleichzeitig erinnert dieses Verhalten auch an das, was in dem Buch und später dem Film mit dem Titel »Die Welle« thematisiert wird. In dem 2008 gedrehten Drama spielt Jürgen Vogel den Lehrer Rainer Wenger, der seiner Schulklasse in einem von ihm konzipierten Sozialexperiment vorführt, wie autoritäre gesellschaftliche Strukturen entstehen. Er lässt die Schüler an einer von Disziplin und Gemeinschaftsgeist geprägten und von ihm selbst angeführten Bewegung namens »Die Welle« mitwirken.

Alles ist möglich, auch hier und heute – »Die Welle«

Der Inhalt des Films ist kurz gefasst folgender: Während einer Projektwoche bekommt der beliebte Lehrer Wenger statt seines Lieblingsthemas Anarchie das Thema Autokratie zugeteilt. Seine Schüler finden das ständige Reden über den Nationalsozialismus langweilig, sie sind überzeugt, es bestehe heutzutage keine Gefahr einer Diktatur mehr. Daher entschließt sich Wenger zu einem pädagogischen Selbstversuch. Er fordert etwa die Schüler auf, beim Reden aufzustehen, ihm schnelle und knappe Antworten zu geben. Außerdem lässt er sie zur körperlichen Ertüchtigung im Gleichschritt marschieren. Zunächst bringt er diese Übungen noch als Vorschläge ein, über die die Schüler abstimmen sollen. Strenger Ton und die straffe Disziplin kommen bei den meisten Schülern gut an, sie zeigen sich motivierter. Schließlich gründet Wenger eine Art autokratische Bewegung. Deren Prinzipien: „Macht durch Disziplin", „Macht durch Gemeinschaft" und „Macht durch Handeln". Als Erkennungsmerkmal sollen die Mitglieder dieser Gruppe weiße Hemden als Uniform tragen. Nur zwei Mädchen protestieren gegen diese Vorschriften. Der Kurs erhält bald durch Mundpropaganda Zulauf von Schülern aus anderen Kursen. In ihrer Begeisterung bitten einzelne Schüler den Lehrer, dem Ganzen einen Namen zu geben. Die folgende demokratische Abstimmung führt zu dem Namen »Die Welle«. Einer der Schüler entwirft ein Logo, eine gemeinsame Grußgeste wird eingeführt. Bald verlässt die »Welle« den Rahmen des Unterrichts und durchdringt in der Folge auch den außerschulischen Alltag. Der Zusammenhalt wächst, die Welle-Mitglieder beschützen sich gegenseitig und feiern gemeinsam.

Doch es dauert nicht lange und das Experiment läuft aus dem Ruder. Wenger selbst jedoch kann die entstandene Bewegung nicht mehr aufhalten. Als es zu Gewalttaten gegen Welle-Gegner kommt, will Wenger das Experiment beenden und die Bewegung auflösen.

Es wird eine Versammlung einberufen, während der Wenger erklärt, alles sei nur ein Experiment gewesen und das sei jetzt vorbei. Was einzelne Schüler jedoch nicht wahrhaben wollen. Einer der Schüler war vor der Welle ein Außenseiter, die Bewegung hatte ihn zu einer Art Machthaber aufsteigen lassen. Nach Wengers Äußerungen nun zieht dieser Schüler eine Pistole, schießt erst einen Mitschüler an, und erschießt schließlich sich selbst. Wenger selbst wird schließlich von der Polizei abgeführt. Er ist fassungslos darüber, welches Ausmaß sein Experiment angenommen hat.

Nun handelt es sich bei der »Welle« um einen inzwischen zehn Jahre alten Film, der oberflächlich betrachtet wenig mit der aktuellen Entwicklung zu tun. Doch wer die Handlung näher betrachtet, wird schnell erkennen, was dieses Experiment mit der aktuellen Entwicklung etwa in den Sozialen Netzwerken zu tun hat und wie diese Entwicklung im schlimmsten Fall weitergehen kann. Sie kann letztlich auch die Grundlage für die Verbreitung von *Dark Leadership* sein. Der Hass und die Wut im Netz sind auch ein Zeichen für eine nachlassende Empathie und schwindende Teamfähigkeit. Es ist die Frage, inwieweit junge Führungskräfte, die mit den Regeln der Sozialen Medien groß geworden sind, überhaupt noch zum empathischen Umgang mit anderen Menschen in der realen Welt in der Lage sind.

Führungspersönlichkeiten wie Orbán oder Erdogan nutzen heute die Möglichkeiten der Sozialen Medien, um große Gruppen von Unterstützern hinter sich zu versammeln.

Doch in den Online-Welten geht es seit Jahren nicht mehr allein um herkömmliche Machtstrukturen. In ähnlichem Ausmaß werden immer wieder die Religion und die Religiosität der Menschen instrumentalisiert. So geht es Erdogan und seinen Anhängern vorgeblich um die Wahrung des Glaubens, aber auch Terrororganisationen wie der sogenannte Islamische Staat IS nutzen Soziale Netzwerke, um vor allem junge Menschen mit den Mitteln des angeblichen Glaubens für ihre terroristischen Zwecke gewinnen zu können. In beiden

Fällen wird die Religion offensichtlich missbraucht, um das eigene Machtbestreben zu verfolgen und Menschen in die Irre zu führen.

Es hat den Anschein, dass also Einzelne religiöse Verhaltensregeln verkaufen, ohne dass sie selbst daran glauben – einfach um den gewünschten Erfolg zu erzielen und neue Anhänger um sich zu scharen. Ist das der Fall, dann handelt es sich bei einem derartigen Vorgehen um ein machiavellistisches Element. Denn der Machiavellismus beruht darauf, dass zur Erlangung oder Erhaltung politischer Macht jedes Mittel unabhängig von Recht und Moral erlaubt ist. Man kann demnach also auch frei von jeglicher Moral einfach eine Religion für die eigenen Zwecke benutzen.

Kleine Lichter nach oben gespült: Führer, die keine Führer sind

Auch wenn reale und Onlinewelt zunehmend auseinanderdriften, gewinnt das Virtuelle in der Realität immer größeren Einfluss. Das führt dazu, dass Personen, die in der realen Welt keinerlei Beachtung finden würden, plötzlich zu ganz realen Führern gemacht werden. Dazu ein Fall aus der Hochphase der Flüchtlingskrise, der dies eindrucksvoll veranschaulicht.

Zu jener Zeit moderierte die Journalistin Dunja Hayali noch täglich das Morgenmagazin des Zweiten Deutschen Fernsehens (ZDF). Hayali wurde 1974 in Nordrhein-Westfalen geboren, ist also eine gebürtige Deutsche. Ihre Familie jedoch besteht aus irakischen Christen, die aus der Stadt Mossul im nördlichen Irak nach Deutschland kamen. Hayali ist bekannt für ihre liberale Haltung, die sie auch während der sogenannten Flüchtlingskrise in ihren Beiträgen und Moderationen zum Ausdruck brachte. Genau das, in Verbindung mit der Herkunft ihrer Eltern, rückte sie jedoch bald in den Fokus der Kritik, und zwar vor allem in den Sozialen Netzwerken. Denn vor allem dort versammelten sich ab Ende 2015 die durch die Flüchtlingszahlen verängstigten und wütenden deutschen Bürger. Nicht selten wählten diese als Plattform die Facebook-Seite von Dunja Hayali, um sich dort mit wüsten und dummen Hasskommentaren zu Wort zu melden. Immer wieder fiel vor allem ein Nutzer auf, der mit seinen Kommentaren Hayali und ihre Haltung verunglimpfte. Bald schon stieg diese Person in dem von Hass geprägten Facebook-Umfeld zu einer Art Führerperson auf, deren Meinung sich andere Nutzer anschlossen. Der Kommentator wurde für seine dümmliche und menschenverachtende Sichtweise geschätzt. Er wurde quasi zu einem *Dark Leader*, der allerdings nichts anderes als die Kommentarspalten anführte. Wie so oft beim Thema Hass im Netz fühlte sich diese Person wohl durch die vermeintliche Anonymität im Netz geschützt. Und diese Anonymität führte dazu, dass sich andere von ihm genau das Bild machten, das sie wollten. Sie projizierten in ihn genau das hinein, den Führer, den sie sich wünschten. Nur hatten all diese Menschen jedoch nicht damit gerechnet, dass sich andere besser mit den technischen Seiten des Internets auskannten. Dabei handelte es sich um die Teammitglieder der Redaktion des Morgenmagazins. Dort wollte man wissen, wer sich wirklich hinter den Hasskommentaren verbarg. Also machte man sich anhand des Nutzerprofils des Hasskommentators auf die Suche, und wurde auch überraschend schnell fündig. Der hatte dort nämlich vermerkt, woher er stammte – aus einem kleinen Ort im Osten Deutschlands. Nun könnte man natürlich vermuten, der Nutzer habe damit eine falsche Fährte legen wollen, um sich weiter in der Anonymität bewegen zu können. Doch die Redaktion stellte schnell fest, dass das nicht der Fall war. Ein Team wurde zu dem angegebenen Ort geschickt und stieß nach kurzer Suche auf den Verantwortlichen. Es handelte sich um einen Langzeitarbeitslosen mit einer von viel Alkohol geprägten Vergangenheit und einer recht überschaubaren intellektuellen Leistungsfähigkeit. In der realen Welt hätte ein solcher Mensch niemals irgendeine Gefolgschaft um sich scharen können. In der Anonymität der Sozialen Netzwerke aber waren die wahren Hintergründe des Nutzers unbekannt und seine dümmlichen Hassbotschaften verschafften ihm dort eine große Anhängerschaft.

Hier stellt sich uns die Frage: Wie sollen wir künftig Führungspersönlichkeiten auswählen, nach welchen Kriterien sollen wir einen solchen Leader suchen und bewerten? Ist es überhaupt noch wichtig, um was für einen Menschen es sich in der Realität handelt, oder geht es nur noch um das virtuelle Abbild, das ein Mensch geschaffen hat, und darum, was wir in dieses Abbild hineininterpretieren?

Wen wählen wir uns als Führer aus und wie gehen wir damit um, dass auch Menschen, die dafür weder qualifiziert noch geeignet sind, über die Möglichkeiten der Onlinemedien an Einfluss gewinnen? In dem beschriebenen Fall könnte man die Persönlichkeit als Querulanten beschreiben. Der Begriff Querulant kommt vom lateinischen »queri«, zu Deutsch »vor Gericht klagen«. Als Querulant wurde zunächst ein Mensch bezeichnet, der trotz geringer Erfolgsaussicht besonders unbeirrbar und zäh einen Rechtsstreit führte. Dabei steht ein geringfügiger oder vermeintlicher Anlass kaum noch in einem angemessenen Verhältnis zum rechthaberischen, misstrauischen, fanatischen und unbelehrbaren Vorgehen der so bezeichneten Menschen. Auch Personen, die bei Behörden oder vor Gericht zum wiederholten Male unbegründete Anträge stellen, werden als Querulanten bezeichnet. Später wurde der Begriff von der Psychiatrie aufgegriffen und entweder als eigenes, wahnhaftes, oft paranoides Krankheitsbild, als Persönlichkeitsstörung oder als begleitendes Symptom anderer psychischer Störungen beschrieben. Einer solchen Person würde sich sicherlich kaum jemand anschließen.

Die neuen Umgangsformen – von der Normalität des Regelbruchs und der allgemeinen Verrohung

Im digitalen Zeitalter scheint sich auch in der realen Welt manches deutlich zu verändern. Dazu zählen auch Formen des Umganges mit anderen Menschen, die bis vor Kurzem noch fast undenkbar waren. Einen Menschen so direkt und unverschämt anzugehen, wie es etwa bei Facebook mittlerweile schon üblich ist, war noch vor gar nicht langer Zeit kaum denkbar. Es wäre eine Frechheit gewesen, die auch öffentlich geächtet worden wäre.

Mittlerweile jedoch sind genau diese Umgangsformen üblich. Und für manchen scheint das Brechen von gesellschaftlichen Regeln zu einer Gewohnheit geworden zu sein, die man dann wie eine Art Spiel ungezogener Kinder betreibt. Genau das sehen wir heute auch in der Politik, und zwar nicht allein bei den zuvor schon erwähnten ausländischen Machthabern, sondern auch im eigenen Land, etwa bei Führungspersonen der Alternative für Deutschland (AfD), die nicht zuletzt auf diese Weise ein größeres Publikum erreichen. Alles, was wir für höflich, korrekt oder auch politisch angemessen erachten, wird bewusst missachtet. Stattdessen werden immer wieder ebenso bewusst Grenzen überschritten, was auf lange Sicht dazu führt, dass sich die Menschen an diese Grenzüberschreitungen gewöhnen und sie für sich selbst ebenfalls in Anspruch nehmen. Man nimmt dies hin, als Regeln für einen »neuen vorherrschenden Ton«.

Erinnern wir uns an den Fall Hayali und den Facebook-Troll: Jemand wie dieser findet in den Sozialen Medien Menschen, die seine Aussagen und Meinung für richtig erachten – je mehr Menschen jedoch solche Äußerungen für richtig erachten, desto mehr werden diese Aussagen allmählich in der Öffentlichkeit als richtig empfunden. Weil es eine wachsende Zahl an Zustimmenden gibt, die ihre Zustimmung ja ebenfalls weiterverbreiten. Und genau das ist das eigentliche Problem.

Was hier stattfindet, lässt sich unter dem Begriff der Massenbeeinflussung zusammenfassen. Je mehr Leute bei etwas mitmachen, desto mehr glauben sie, dass ihr Tun richtig und angemessen sei.

Eine weitere Frage ist, inwieweit der Einzelne seine online gepflegten Formen der Kommunikation auch auf das normale Leben überträgt. Wann es etwa dazu kommen wird, dass der ganz normale Mitarbeiter glaubt, seine Vorgesetzten in einem ähnlichen Ton beschimpfen zu können, wie er es aus der virtuellen Welt gewohnt ist. Und wie schließlich die Vorgesetzten mit solchen Situationen umgehen, wenn dies nicht mehr die Ausnahme ist, sondern sich auch in diesem Umfeld zur Regel auswächst. Und welchen Wert hat Leadership noch in einer Welt, in der die Menschen Hierarchien zunehmend verachten, oder zumindest traditionelle Führungsrollen oder -personen infrage stellen. Wenn die Regelverletzung selbst zur Regel wird, dann sieht die Prognose für unser aller Zukunft ziemlich gruselig aus.

Beispiele für eine neue Art Verrohung der Menschen finden wir heute in jeder Altersgruppe und in allen sozialen Schichten. Wenn in den Medien immer wieder einmal von Computer-Killerspielen die Rede ist, mag mancher darüber nur den Kopf schütteln. Denn bewiesen ist ein Zusammenhang zwischen spielerischer Ballerei und einem wirklichen Tötungswunsch bis heute nicht. Trotzdem bin ich der Meinung, wir sollten jene Stimmen nicht ignorieren, die vor einer weitreichenden Enthemmung speziell junger Menschen durch solche Spiele warnen. Man muss in diesem Zusammenhang sicher nicht so weit gehen wie der zu dieser Thematik immer wieder befragte Kriminologe Christian Pfeiffer. Denn der behauptet etwa, das Spielen von gewaltverherrlichenden Computerspielen im Internet und auf Konsolen trage auch »zur Radikalisierung junger Muslime« bei und führe zur Enthemmung beim Töten. Pfeiffer gibt sogar den Spielen eine Mitschuld an den Pariser Terroranschlägen von 2015, bei denen insgesamt 137 Menschen ihr Leben verloren. Pfeiffer zufolge könnten die Terroristen sich zuvor als virtuelle Figuren in Onlinespielen an einem bestimmten Ort als Gruppe getroffen und die Anschläge in Paris geplant haben.[9] Das ist sicher kaum mehr als die Theorie eines Einzelnen – doch die grundsätzliche Frage der Enthemmung durch virtuelle Spiele muss man zumindest im Hinterkopf behalten. Denkt man all das aber noch einen Schritt weiter, dann lässt sich daraus ein wirklich beängstigendes Szenario erstellen. In diesem Szenario geht es um Menschen, die durch ihre virtuellen Aktivitäten längst die Achtung vor anderen verloren haben, die sich zudem in ihren wirren Weltanschauungen bestätigt fühlen und die letztlich auch das Töten anderer Menschen als etwas werten, vor dem man nicht mehr unbedingt zurückschrecken muss.

Auf der anderen Seite kann man sich natürlich auch fragen, was zuerst da war: Die Enthemmung durch ein Spiel oder eine zuvor schon problematische Persönlichkeit, die beim Spielen bereits vorhandene Fantasien auszuleben versucht.

Ich persönlich halte eine gewisse Zurückhaltung beim Umgang mit solchen digitalen Unterhaltungsformen durchaus für berechtigt. Gerade auch, wenn es um Kinder geht. Denn auf sie übt all das eine ungeheure Faszination aus, weil auf den Bildschirmen der Computer, Tablets oder Handys ja immer wieder etwas Neues passiert. Kindern fällt es überaus schwer, sich dem Sog dieser Spiele zu entziehen. Das menschliche Gehirn scheint all das ohnehin zu lieben, weil Spiele uns ständig belohnen, uns immer wieder anregend Erfolge bescheren. Auch wenn auf diese Weise keine wirkliche Sucht entsteht, entsteht dabei dennoch die Tendenz, immer weitermachen zu wollen.

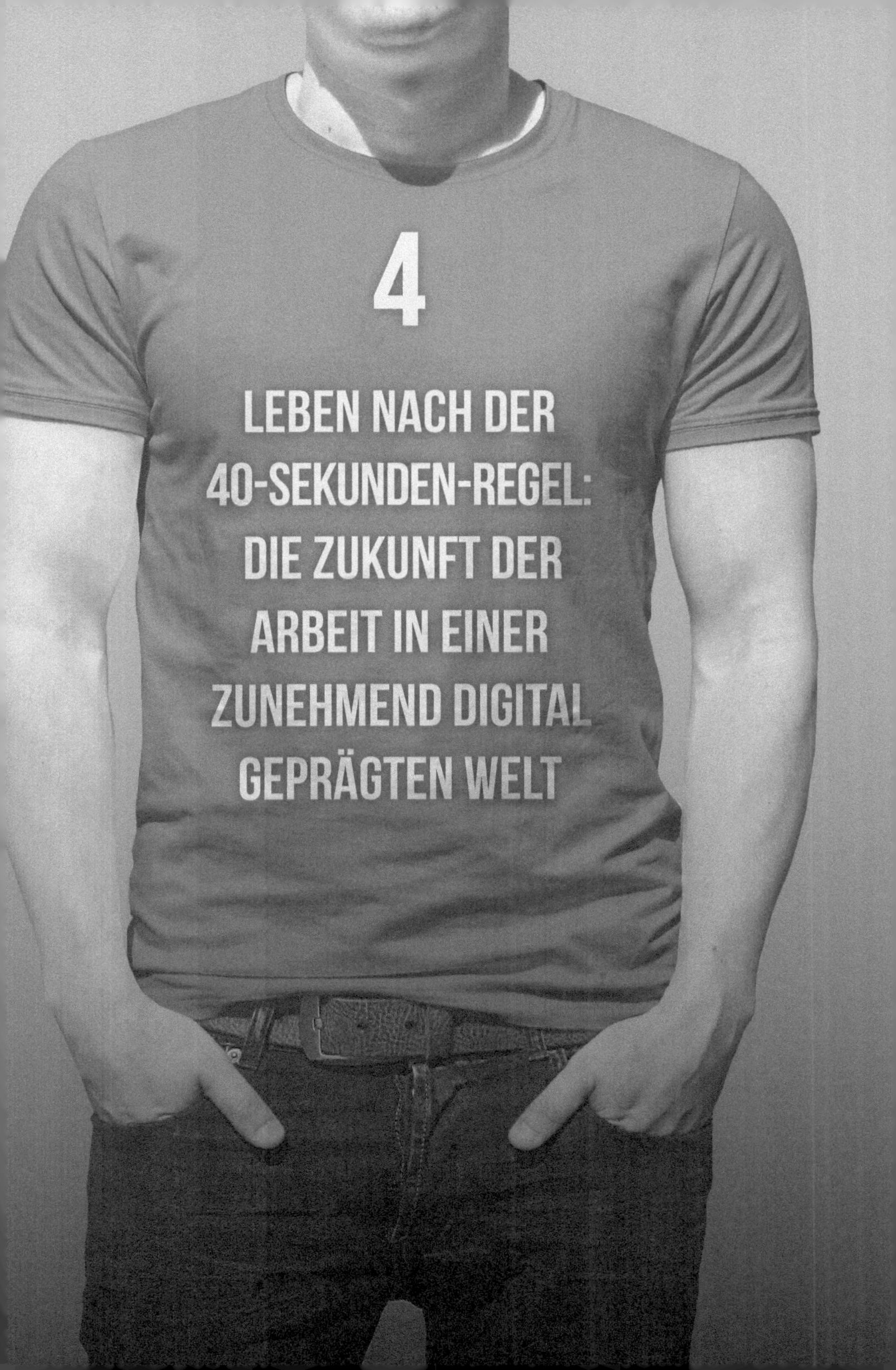

4

Leben nach der 40-Sekunden-Regel: Die Zukunft der Arbeit in einer zunehmend digital geprägten Welt

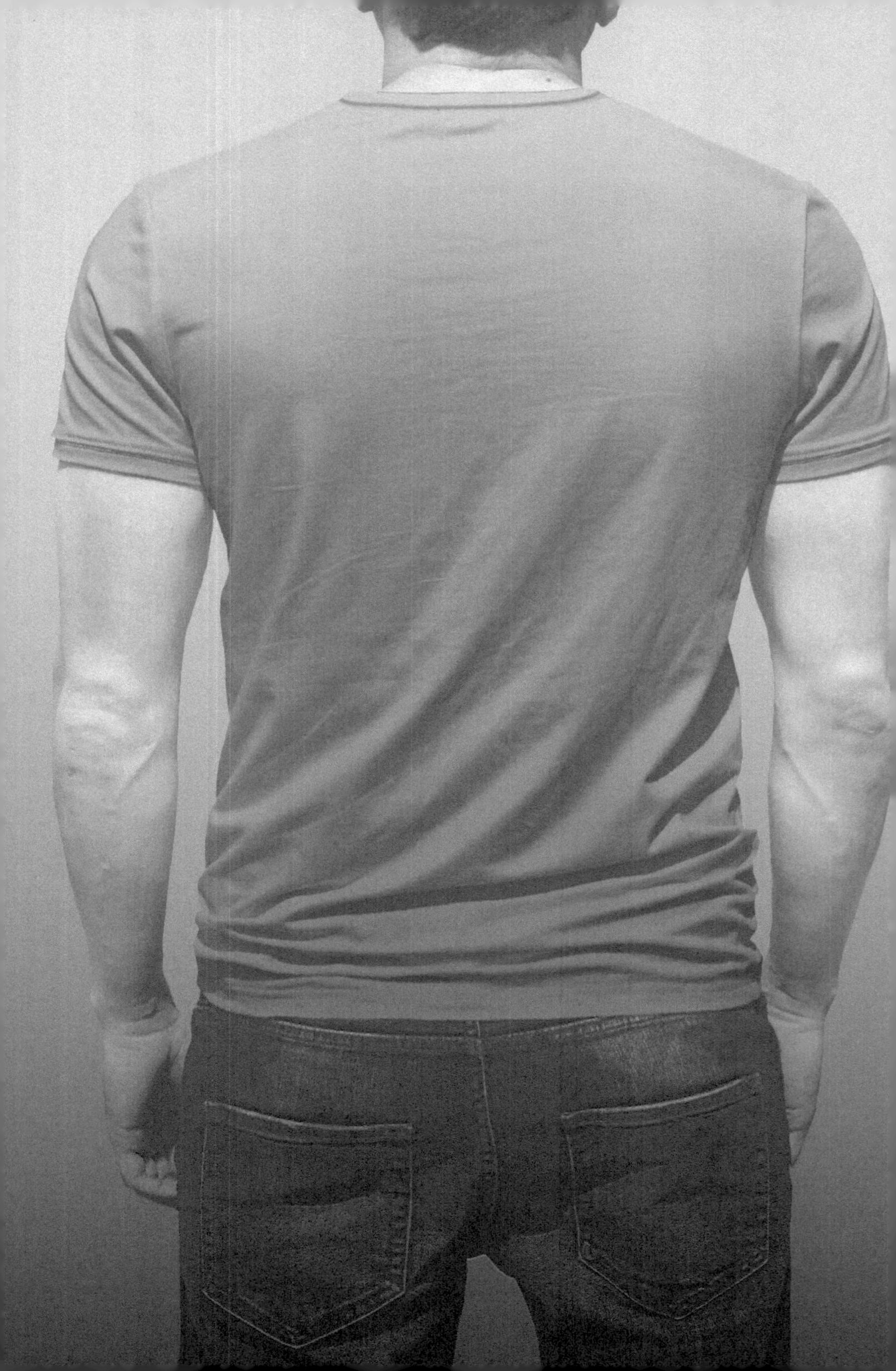

Ich habe im vorherigen Kapitel davon gesprochen, dass Videospiele den Nutzer in regelmäßigen und meist sehr kurzen Abständen belohnen. Ein gutes Beispiel in diesem Zusammenhang ist das im Jahr 2015 erschienene Rollenspiel »The Witcher 3«, das sich millionenfach verkaufte. Von diesem Spiel ist überliefert, dass es für die Entwickler eine ungewöhnliche Regel gab – nämlich die sogenannte 40-Sekunden-Regel. Zur Erklärung: »The Witcher 3« ist ein sogenanntes Open-World-Spiel. Der Spieler kann darin mit seiner Spielfigur – dem namensgebenden Hexer – eine riesige, offen gestaltete Welt bereisen. Wohin er sich wendet, bleibt ganz ihm überlassen. Die Entwickler jedoch wollten die Käufer des Titels allen Freiheiten zum Trotz immer doch ein wenig an die Hand nehmen, und sie wollten gewährleisten, dass er sich niemals langweilt und in regelmäßigen und vor allem sehr kurzen Abständen belohnt wird. Hier kommt nun die 40-Sekunden-Regel zum Tragen. Die offene Welt wurde nämlich so gestaltet, dass der Spieler – egal welche Richtung er in dieser Welt einschlägt – alle 40 Sekunden auf etwas trifft, das seine Aufmerksamkeit auf sich zieht. Das können Gegner sein, die es zu besiegen gilt, es kann aber auch einfach eine Herde Wildtiere sein. Die 40-Sekunden-Regel ist dabei nicht einfach irgendeine Idee, sie ist vielmehr das Ergebnis von sogenannten Fokus-Tests, wie sich die Aufmerksamkeit und das Interesse des Spielers am besten aufrechterhalten lässt.[10]

Stellen wir uns nun vor, junge Menschen, die solche Regeln gewohnt sind, treten in die Arbeitswelt ein, zum Beispiel als Arbeitnehmer. Brauchen sie nun einen ebenso ausgeklügelten Belohnungsmechanismus am Arbeitsplatz, um motiviert und aufmerksam zu bleiben? Und angenommen, sie steigen zu Führungskräften auf: Welche Konsequenzen ergeben sich aus diesen frühen Erfahrungen für den Führungsstil der Kinder der 40-Sekunden-Regel?

Psychologisch gesprochen geht es darum, wie lange sich ein Mensch konzentriert einem Thema widmen kann. Das ist seine

Aufmerksamkeitsspanne. Wenn Menschen andauernde Abwechslung gewohnt sind, wenn sie es gewohnt sind, etwa auf YouTube Video-Schnipsel von gerade einmal drei Minuten Länge zu konsumieren, um dann mit dem nächsten Video zum nächsten Thema zu springen – werden sie dann überhaupt noch fähig oder Willens sein, an langatmigen Meetings teilzunehmen, bei denen es über Stunden allein um ein Thema geht und bei denen die einzige Abwechslung oder Belohnung aus einer Tasse Kaffee besteht?

Aus Sicht der Führungskräfte stellt sich die Frage, wie lange ein Chef überhaupt damit rechnen kann, dass seine Mitarbeiter ihm aufmerksam zuhören. 40 Sekunden? Letztlich werden die beschriebenen Entwicklungen wohl dazu führen, dass es Gebrauchsanleitungen für Führungskräfte gibt. Und es wird sicher Anleitungen für Mitarbeiter geben, wie sie mit einem Vorgesetzten umzugehen haben, dessen Persönlichkeit auf derart kurze Aufmerksamkeitsspannen ausgerichtet ist. Denn schon heute wissen wir, dass die sogenannten harten Leadership-Fähigkeiten wie etwa umfassende Kenntnis des Business oder technisches Know-how allein nicht mehr ausreichen, um eine Führungsrolle auszufüllen. Dazu muss vielmehr noch etwas kommen, das wir schon früh beispielsweise an der Person des Richard Branson feststellen konnten.

Leader mit Aufmerksamkeitsdefizit: Richard Branson

Der 1950 geborene Brite Richard Branson gründete 1970 mit Virgin sein erstes Unternehmen. Anfangs wurden Schallplatten versandt, später aber auch Plattenläden betrieben. Schließlich wuchs Virgin zu einem renommierten Plattenlabel heran.

1971 fand Branson durch Zufall heraus, wie er die Steuer umgehen konnte, wenn er Schallplatten nach Belgien exportierte und sie dann umgehend wieder nach Großbritannien transportierte. Das allerdings stellte einen Gesetzesverstoß dar und brachte ihm eine Nacht im Gefängnis sowie eine hohe Geldstrafe ein. Der Unternehmer ließ sich dadurch allerdings nicht beirren, bald schon gründete er das Aufnahmestudio Manor Studio und nahm den bis dahin eher unbekannten Bassisten Mike Oldfield unter Vertrag. Die erste Schallplatte trug den Titel »Tubular Bells« und wurde ab 1973 mehr als fünf Millionen Mal verkauft. Das spülte reichlich Geld in Bransons Kasse und bildete den Grundstein für sämtliche folgenden unternehmerischen Tätigkeiten. Branson gründete in den Folgejahren weitere Unternehmen, die unter der Marke Virgin firmierten – etwa die Virgin Sun Airlines. Der Gesamtumsatz der Virgin Group soll im Jahr 2002 bei vier Milliarden britische Pfund gelegen haben. Im Dezember 2009 schließlich stellte Branson das SpaceShipTwo vor, ein Raumflugzeug für private Kurzausflüge ins All. Mittlerweile gibt es davon ein Nachfolgemodell mit dem Namen VSS Unity, das am 5. April 2018 einen ersten Motorflug absolvierte.

Zusammengefasst lässt sich sagen, dass der inzwischen rund fünf Milliarden Dollar[11] reiche Richard Branson ein äußerst erfolgreicher Geschäftsmann ist. Doch Branson gehört sicher nicht zu jenen Managern, die sich vor allem dadurch auszeichnen, dass sie einen Geschäftsbericht zu interpretieren vermögen. Sein Name steht vielmehr für einen charismatischen Führer, der es auch immer wieder vermag, die Aufmerksamkeit der Öffentlichkeit auf sich zu fokussieren.

Die Person Branson wird als jemand beschrieben, dessen Psyche auf Herausforderungen reagiert. Er genieße es geradezu, wenn die Chancen gegen ihn stehen, und er selbst das Blatt zu seinen Gunsten drehen kann. Es gebe ihm eine ungemeine Befriedigung, etwas zu tun, von dem Experten behaupten, es sei im Grunde nicht möglich. Das gelte nicht zuletzt dann, wenn sich ihm die Chance bietet, einen erfolgreichen Wettbewerber auszustechen.[12]

Dazu ist aber noch etwas zu sagen: Ein Mensch wie Richard Branson spielt gerne die Rolle des Unangepassten. Auch im Alter von knapp 70 Jahren und mit mehreren Milliarden auf dem Konto arbeitet er hart für seinen Erfolg.[13] Er steht etwa jeden Tag früh um fünf Uhr auf, treibt täglich Sport und ackert schon früh am Morgen seine E-Mails durch, bevor der Rest der Welt überhaupt an Arbeit denkt. Zudem informiert er sich auf diversen Social-Media-Plattformen und hält den Kontakt zu seinen Mitarbeitern in aller Welt.

An diesem Punkt nun möchte ich wieder zurückkehren zu den modernen Leadern in Zeiten kurzer Aufmerksamkeitsspannen. Branson selbst gehört zu einer Generation, die ohne Internet und virtuelle Welten aufgewachsen ist. Doch gerade er war schon früh dafür bekannt, dass man ihn nicht mit langatmigen Ausführungen langweilen durfte, wollte man seine Aufmerksamkeit gewinnen. Zu den überlieferten Geschichten aus dem Leben Bransons gehört, dass er sein Büro auf einem Hausboot eingerichtet hatte. Dort trafen dann die Manager seiner diversen Unternehmen im Zehn-Minuten-Takt ein, um sich mit ihrem Boss zu besprechen. Schon früh war im Kreis der Manager eine Goldene Regel bekannt. Diese Regel besagte, man müsse Bransons Aufmerksamkeit binnen der ersten Minute des Gespräches auf sich ziehen können, ansonsten reagierte er schnell gelangweilt, und das Gespräch war im Grunde schon beendet, bevor es überhaupt begonnen hatte. Man musste also in der Lage sein, ein gesetztes Ziel umgehend zu formulieren, man musste auch formulieren können, welches Kapital sich aus einem Investment ziehen lassen würde. Gelang das, dann konnte das Gespräch Erfolg haben.

Es handelt es sich bei diesem Beispiel aus der Vergangenheit also um genau das, worauf sich Manager oder Mitarbeiter heute und in Zukunft einstellen müssen: Dass sie es schaffen müssen, die Aufmerksamkeit eines Vorgesetzten zu erregen und sie aufrechtzuerhalten. Für Mitarbeiter bedeutet dies in der Vorbereitung, sich einen Plan zu machen, wie sie sich innerhalb der wahrscheinlichen Aufmerksamkeitsspanne ihres Gegenübers bewegen können. Oder vor dem Hintergrund des genannten Beispiels von »The Witcher 3«: Plane den Kontakt so, dass du in einem Gespräch wenigstens alle 40 Sekunden mit News kommst, die dir ein weiteres Stück Aufmerksamkeit sichern. Diese News allerdings müssen dann auch tatsächlich so viel Inhalt bieten, dass sie die Aufmerksamkeit der Führungskraft erregen und aufrechterhalten.

Das führt uns zu einer weiteren wichtigen Frage: Was ist zu tun, wenn ein Mitarbeiter ein wirklich wichtiges und ernstes Problem mit dem

Vorgesetzten besprechen möchte? Dann sollte die Führungskraft natürlich nicht alle 40 Sekunden denken, hoffentlich ist der Mitarbeiter mit seinem Gerede bald fertig. Einerseits geht es ja darum, gegenüber anderen Menschen Empathie zu zeigen oder zeigen zu können. Aber mal ehrlich: Schafft uns die 40-Sekunden-Regel nicht endlich die lästigen und nervigen Vielredner vom Hals? Da gibt es wohl wenig Hoffnung: Denn bemerkt ein solcher Schwafler, dass ihm niemand zuhört, dann glaubt er womöglich nur, die anderen hätten ihn akustisch nicht gehört, und führt sein Geschwafel munter weiter fort.

Die 40-Sekunden-Regel, also die verkürzte Aufmerksamkeitsspanne junger Berufstätiger, stellt nicht nur die Führungskräfte, sondern auch Mitarbeiter vor eine Herausforderung. Diese Chefs sind in der schnellen Aufmerksamkeitstaktung der Videospiele und der Social-Media-Plattformen geübt. Hier gilt es dann, die Körpersprache des anderen lesen zu lernen, um sicherzustellen, dass man sich seiner Aufmerksamkeit noch gewiss sein kann. Denn wenn die Aufmerksamkeit eines Menschen nachlässt, dann gibt es dafür untrügliche körperliche Anzeichen. Ein recht einfach zu registrierendes Merkmal ist es etwa, wenn der andere die Sitzhaltung in der Form ändert, dass etwa die Füße in Richtung des Ausgangs aus dem Raum positioniert werden.

Wege aus dem Aufmerksamkeitsdefizit

Doch es gibt Hoffnung. Mit einer gezielten Ausbildung der Menschen lässt sich viel Positives erreichen. Etwa wenn Führungskräfte darin geschult werden, Mitarbeitern wirklich genau zuzuhören – und zwar deutlich länger als nur 40 Sekunden. Was sich allerdings als schwierige Aufgabe erweisen dürfte, wenn es um Personen geht, die ihr Leben lang bereits durch das Internet geschult worden sind und deren Gehirn sich längst daran gewöhnt hat, immer wieder und immer schneller durch einen Dopamin-Schub belohnt zu werden. Es ist eine aus meiner Sicht heute noch unbeantwortete Frage, wie Informationen aufbereitet werden müssen, um diese Klientel tatsächlich zu einer länger anhaltenden Aufmerksamkeitsspanne zu bewegen. Denn will ein Mitarbeiter eine Notlage ausführlich vortragen, dann ist das innerhalb von 40 Sekunden kaum möglich. Und schafft es ein Vorgesetzter nicht, sich diese Notlage wirklich genau beschreiben zu lassen, dann kann er letztlich an besagter Notlage kaum etwas ändern.

Und noch etwas kann helfen: Schweigen. In unserer Kultur wird es als unangenehm empfunden, wenn in einem Gespräch länger als zehn Sekunden geschwiegen wird. In einem wichtigen Gespräch könnte es jedoch sogar nützlich sein, genau dieses negative Empfinden zu nutzen: Statt möglichst viele Fakten in kurzer Zeit zusammenzufassen, gewinnt man durch das Schweigen die Aufmerksamkeit des Gegenübers zurück.

Nehmen wir einmal an, das beschriebene Aufmerksamkeitsdefizit wird wirklich zu einem verbreiteten Phänomen. Dann müsste künftig ein Vorgesetzter mit seinem Mitarbeiter klären, welche Informationen dieser benötigt, um einem Gespräch aufmerksam folgen zu können. Wir nehmen darauf noch in einem späteren Kapitel zum SCARF-Modell Bezug.

Eine andere Frage ist, ob der Mensch überhaupt noch unterscheiden kann zwischen der im privaten Umfeld genossenen »Aufmerksamkeitsdusche« und den vollkommen anderen Anforderungen der Arbeitswelt. Und zwar nicht nur, ob sie ihm bewusst sind, sondern ob er sich auch darauf einstellen kann. Ob er also weiß, wie unterschiedlich die Regeln in beiden Bereichen gestaltet sind, und sich darauf einrichtet: indem er am Arbeitsplatz nicht auf ständig neue Belohnungen hofft, trotzdem aber seine Aufgaben in vollem Umfang erfüllt. Wenn er dazu in der Lage ist, wird er auch das schier unendliche und langweilige Meeting ohne Murren absolvieren, und er wird dabei auch den Aussagen folgen können.

Insgesamt ist der Blick in die Zukunft der Arbeitswelt und der Führungsstrukturen ein ebenso interessantes wie wichtiges Thema. Wichtig, weil es letztlich uns alle betrifft, die wir einer geregelten Arbeit nachgehen. Denn verbunden ist damit nicht zuletzt eine Generationenfrage. Wir werden noch viele Jahre damit umzugehen haben, dass Menschen, die ohne Internet aufgewachsen sind, gemeinsam mit anderen arbeiten, die sich eine Welt gar nicht mehr vorstellen können, in der man nicht jederzeit online gehen konnte. Und diese beiden Gruppen müssen sich mit den Gegebenheiten oder Bedürfnissen der jeweils anderen Gruppe auseinandersetzen. Man muss sich gegenseitig verstehen und man muss aufeinander zugehen. So mag es für ältere Kollegen befremdlich erscheinen, dass ein junger Mitarbeiter quasi ständig Abwechslung und damit Belohnungen einfordert. Es hilft jedoch wenig, diesen Wunsch zu verdammen, hilfreich ist es vielmehr, sich mit den Hintergründen und Ursachen zu beschäftigen, sie zu verstehen versuchen. Junge Mitarbeiter fahren sicher gut damit, nicht über die Älteren zu lachen, die Videospielen oder Social Media kaum etwas abgewinnen können. Für sie kann es vielmehr lehrreich sein zu erfahren, wie es sich ohne all diese Vergnügungen leben ließ.

In diesem Zusammenhang ein Schwenk zu der Frage, ob sich ein guter Führungsstil des Zuhörens und des gegenseitigen Verständnisses nicht ebenso lernen lässt wie *Dark Leadership*. Herrscht innerhalb einer Organisation die Norm, dass aufmerksam und gut zugehört wird, dann wird auch die nächste Generation der Führungskräfte das lernen und verinnerlichen. Denn beides, die dunkle wie die helle Seite der Unternehmensführung, ist erlernbar.

Was zu der Generationenfrage und der Sucht der Jüngeren nach immer neuen Belohnungen auch noch zu sagen ist: Es gibt nicht mehr nur den Unterschied zwischen der Internetgeneration und den Älteren, selbst innerhalb der Gruppe der sogenannten Digital Natives klaffen mittlerweile Lücken. Was sich unter anderem in Form der Videos zeigt, die auf YouTube hochgeladen werden. Dort nämlich lässt sich anhand der Videos häufig das Alter des Machers eingrenzen. »Ältere« YouTuber ab, sagen wir einmal 30 Jahren, versorgen ihre Zuschauer häufig mit Filmlängen von 13 oder mehr Minuten. Die Generation der etwa 18-Jährigen mag ihrem Publikum so etwas schon gar nicht mehr zumuten. Videos dieser Jahrgänge haben Längen von drei bis kaum mehr als fünf Minuten. Wissenschaftlich sind die Hintergründe dieses statistischen Unterschieds bisher nicht einmal ansatzweise untersucht worden, doch es erscheint naheliegend, dass sich die Aufmerksamkeitsspanne zwischen diesen Generationen noch einmal deutlich verkürzt hat. Die vergleichsweise Älteren sind zumindest teilweise noch mit dem Fernsehen aufgewachsen, wo die Episoden von Vorabendserien 25 bis 45 Minuten dauerten. Die nochmals jüngere Generation dagegen hat von Beginn an das Internet kennengelernt und ist von dort schon früh gewohnt ausschließlich die Inhalte zu konsumieren, die sie wirklich interessierten, und schon nach wenigen Minuten das nächste interessante Angebot zu suchen. Wie weit sich diese Entwicklung der Verkürzung noch fortsetzen wird oder ob irgendwann doch eine Untergrenze erreicht ist, das muss die Zukunft zeigen.

Kurz und gut – die Vorteile des Aufmerksamkeitsdefizits

In dieser verkürzten Aufmerksamkeit lassen sich auch Vorzüge finden. Wenn es etwa in Technologieunternehmen um strategische Entscheidungen geht, dann herrscht dort heute bereits eine sehr dichte Taktung der Themen. Und die Vertrautheit mit verkürzten Inhalten kann dazu führen, dass ein Mensch in der Lage ist, sehr schnell Inhalte aufzunehmen und zu verstehen. Und es geht nicht nur um das Verstehen, sondern auch um das Vermitteln: Die Verkürzung kann letztlich zur Folge haben, dass es für Führungskräfte normal sein wird, selbst komplexe Inhalte kurz und kompakt darzustellen, anstatt sie über einen ermüdenden Zeitraum von 40 Minuten vorzutragen.

Das ist ja im Grunde das Ziel, das sich hinter den Sozialen Netzwerken verbirgt, nicht zuletzt hinter dem Kurznachrichtendienst Twitter. Dass sich auf diesem Weg nämlich komplexe Botschaften komprimiert übermitteln lassen, ist eine der Hoffnungen, die damit verbunden werden. Neuropsychologen formulieren Ihre Sorge auf der anderen Seite folgendermaßen: Die ständige Verkürzung und Komprimierung führen zu einer Unfähigkeit, tatsächlich noch umfangreichere Inhalte aufzunehmen – etwa einen Leitartikel zu lesen, in dem auf ein wirklich komplexes Thema umfassend eingegangen wird.

5 Psychopathie – unter dem Deckmantel der Normalität

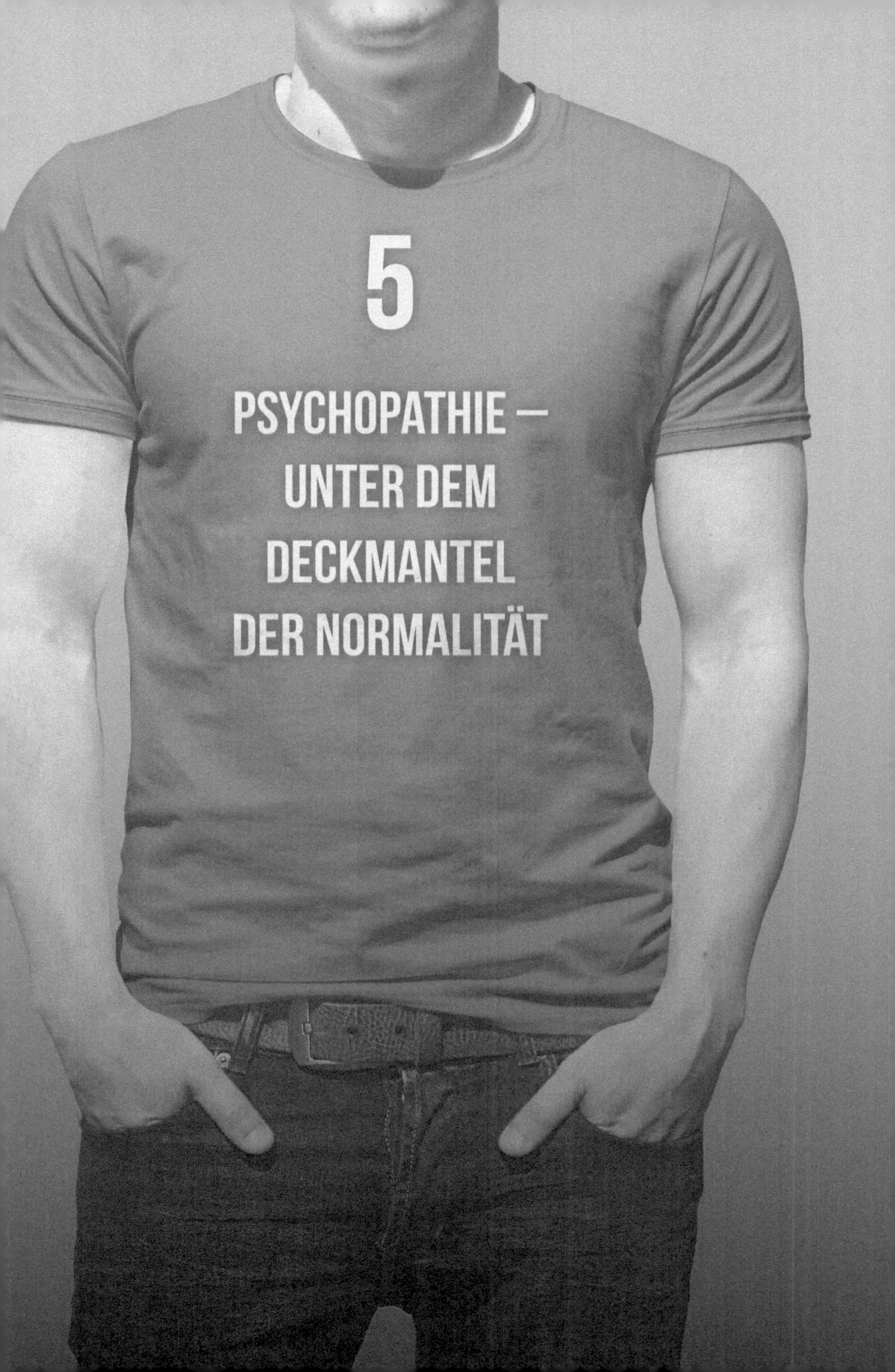

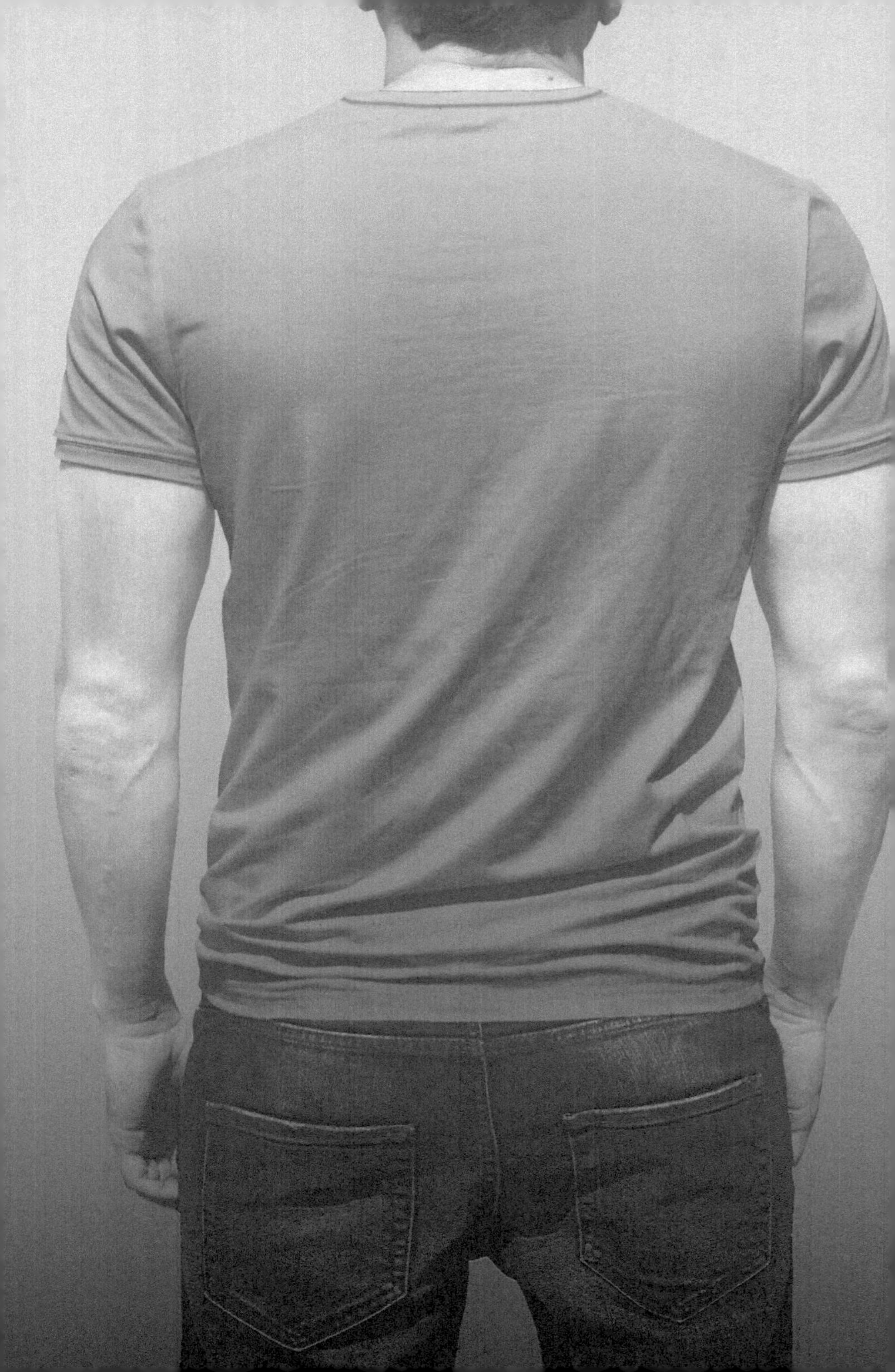

Den Begriff »Psychopath« hat sicher jeder schon einmal gehört. Die meisten von uns denken bei dem Begriff an einen Serienkiller wie Hannibal Lecter aus dem Hollywoodfilm »Das Schweigen der Lämmer«. Geben wir heute den Begriff »Psychopath« in eine Internetsuchmaschine ein, dann liefert uns das Netz umgehend schier unendlich viele Fundstellen und Artikel, in denen es häufig um die Frage geht, anhand welcher Merkmale wir einen Psychopathen in unserem persönlichen Umfeld erkennen können. Und diese Artikel beschreiben dann auch – oft laienhaft – warum dieses Erkennen so wichtig sei. Weil nämlich Psychopathen vordergründig sehr charmant, eloquent und selbstbewusst aufträten, hinter dieser strahlenden Fassade jedoch ihre Skrupellosigkeit und das Fehlen jeglichen Mitgefühls verbergen würden.[14] Hingewiesen wird dann meist noch darauf, dass etwa vier bis fünf Prozent aller Menschen als Psychopathen eingestuft werden, dass also allein in Deutschland rund 500 000 dieser Menschen leben. Doch längst nicht alle Psychopathen werden als Gewalttäter auffällig und landen schließlich hinter Gefängnismauern. Etwa die Hälfte ist kriminell unauffällig und lebt ein nach außen hin völlig normales Leben – in dem sie allerdings trotzdem für ihre Mitmenschen zu einem Problem werden können.

Grundsätzlich verstehen wir Psychopathie als eine extrem schwere Form der antisozialen Persönlichkeitsstörung, kurz APS genannt. Nur impliziert gerade der Begriff Störung jedoch auch, dass sich eine Störung beseitigen lässt, der Psychopath also letztlich geheilt werden kann. Doch von dieser Theorie ist man heute abgerückt. Denn nicht nur der angesehene amerikanische Neurowissenschaftler und Psychiater James Fallon sagt: Psychopathie ist nicht heilbar, nicht veränderbar. Psychopathie ist demnach vielmehr ein genetisch verankerter Wesenszug. Seiner Theorie nach gibt es bei einem unangenehm auffallenden Psychopathen in der Regel Missbrauchsthemen in der Kindheit. [15]

Psychopathen manipulieren andere, sie sind damit häufig erfolgreich – und sie sind gefährlich. Gefährlich sind sie nicht zuletzt vor dem Hintergrund des Themas *Dark Leadership*. Denn in jüngerer Vergangenheit haben es überdurchschnittlich viele Psychopathen ins höchste Management geschafft.[16] Sie sind allerdings nicht nur in herkömmlichen Unternehmensstrukturen zu finden, ihre Fähigkeiten zur Manipulation anderer in Kombination mit ihrer Skrupellosigkeit lässt sie immer wieder erfolgreich Start-ups aus der Wiege heben und verleiht ihnen auch die Gabe, von anderen Menschen Unsummen an Geld für vollkommen absurd erscheinende Ideen zu beschaffen.

Ein Psychopath wie aus dem Bilderbuch: Peter Madsen oder der Traum vom Morden

Der Name Peter Madsen war vor August 2017 nur in seiner Heimat Dänemark ein Begriff. Dort galt er als ebenso genial wie verrückt, baute aus eigener Kraft und mit gesammeltem Spendengeld ein funktionstüchtiges U-Boot, arbeitete außerdem an ebenfalls privat finanzierten Raketen. Besagter August 2017 jedoch machte den vermeintlich harmlosen Spinner zu einem mittlerweile verurteilten Mörder und brachte die zutiefst psychopathische Seite des Mannes ans Licht, der von den Medien zuvor meist als schrulliger Tüftler tituliert wurde.

Doch dann kam der Sommer 2017, in dem Madsens U-Boot »Nautilus« am 11. August südlich von Kopenhagen unterging. Madsen konnte gerettet werden, die Polizei verdächtigte ihn jedoch bald schon, das Boot absichtlich versenkt zu haben. Die Vermutung: Er habe ein Verbrechen an der schwedischen Journalistin Kim Wall vertuschen wollen, die für eine Reportage an Bord gekommen war. Im Inneren des Wracks fanden Ermittler später dann auch Blutspuren der Frau. In ersten Aussagen behauptete Madsen jedoch immer wieder, er habe Wall vor dem Untergang auf einer Halbinsel am

Kopenhagener Hafen abgesetzt. Später änderte er seine Aussage ab und gab nun an, die Journalistin wäre bei einem Unfall an Bord ums Leben gekommen. Er habe die Leiche daraufhin in der Køgebucht versenkt.

Zehn Tage nach der Havarie entdeckte ein Radfahrer am Ufer der Insel Amager, südlich von Kopenhagen nahe der Køgebucht, einen weiblichen Torso. Die Analyse der Gerichtsmedizin ergab, dass Kopf und Gliedmaßen gezielt abgetrennt worden waren. Am Torso wurden mindestens 15 Messerstiche gezählt. Ein DNA-Test ergab außerdem, dass es sich um die Überreste der vermissten Kim Wall handelte. Die vorläufige Leichenschau zeigte zudem, dass an dem Torso ein Metallstück befestigt war, mit dem das Leichenteil am Meeresboden gehalten werden sollte.

Madsens Aussage vor Gericht erzählte nun eine neue Geschichte der Vorgänge an Bord: Wall sei gegen eine Luke mit voller Wucht auf den Kopf gefallen, die gravierenden Verletzungen hätten zu ihrem Tod geführt. Anschließend habe er die Leiche ins Meer geworfen – und zwar vollständig und bekleidet. Am 6. Oktober schließlich wurde Walls Schädel gefunden, der jedoch keine Verletzungen aufwies, die Madsens Aussage belegen konnten. Bald allerdings wurden auf einem Computer Madsens Videos von Frauen-Hinrichtungen gefunden.

Ende Oktober 2017 änderte Madsen seine Aussage erneut. Nun erklärte er, Wall sei an einer Kohlenmonoxidvergiftung im U-Boot gestorben. Er habe die Leiche daraufhin zerteilt. Die Polizei wiederum war inzwischen zu neuen Erkenntnissen gekommen. Demnach soll Madsen an Wall kurz nach deren Tod sexuelle Handlungen »unter besonders schwerwiegenden Umständen« vorgenommen haben.

Im Januar 2018 erhob die Staatsanwaltschaft Anklage wegen Mordes. Sie forderte eine lebenslange Freiheitsstrafe sowie eine Sicherheitsverwahrung. Der Prozess gegen Madsen begann am 8. März

2018, am 25. April 2018 wurde er zu lebenslanger Haft verurteilt. Nach Ansicht der Richter hat Madsen sein Opfer sexuell missbraucht, ermordet und zerstückelt. Seine Anwältin kündigte an, Berufung einzulegen.

Dieser Fall ist sicher in der Summe seiner schrecklichen Details ein äußerst gruseliges Beispiel. Die Person des Peter Madsen wiederum lässt in der Diagnostik sehr deutlich den Schluss zu, dass wir es hier mit einem Psychopathen zu tun haben. Er erfüllt alle Kriterien.

Madsen hat in seinem Leben unerschrocken seine Träume verfolgt, ist ihnen regelrecht nachgejagt. Er wollte ein U-Boot bauen und er hat es getan. Er wollte seine eigene Rakete bauen und er hat es getan. Er hat all das alleine beziehungsweise mit einer Hand voll Freunde durchgezogen, er hat sich dabei außerdem nicht von irgendwelchen Firmen und deren Konstrukteuren dreinreden lassen. Genau dieses Vorgehen brachte ihm schließlich auch den Ruf des verrückten, aber harmlosen Tüftlers ein.

Sicher ist so eine Persönlichkeit und das Aufregende, was diese Persönlichkeit zu schaffen vermag, auf der einen Seite faszinierend. Doch zu Madsen gehört eben noch eine vollkommen andere Seite, von der die Öffentlichkeit erst im Rahmen des Mordprozesses erfuhr. Diese andere Seite erwies sich als äußerst dunkel und beinhaltete unfassbare Grenzüberschreitungen. Diese andere Seite war eindeutig pathologisch und führte schließlich zu der Tat, für die Madsen verurteilt worden ist. Denn dem psychopathischen Gehirn erschien die Situation an Bord des U-Bootes günstig, eine Tat zu begehen, wie man sie sonst bestenfalls aus Filmen kennt.

Ein Mann ersticht eine Frau, zerstückelt ihren Körper und wirft ihn ins Meer. Ein Mann tut all das auch vor dem Hintergrund perverser Fantasie. Das lässt in der Diagnostik sehr zuverlässig den Rückschluss zu, dass es sich bei Madsen um eine psychopathische Persönlichkeit handelt. Das alles wird inzwischen durch die verschiedenen

Recherchen zum Thema auch recht deutlich untermauert. Ich glaube allerdings nicht, dass es im Vorfeld Menschen gegeben hat, die Madsen einen Mord zutrauten oder daran dachten, er könne wirklich einen Mord begehen. Wäre alles so offensichtlich gewesen, dann hätte sich die Journalistin Kim Wall vermutlich gar nicht erst an Bord getraut.

Betrachtet man heute jedoch all das, was die Menschen am Tag der Tat noch beobachten konnten, dann kommt man nicht um den Eindruck herum, dass es sich um eine Inszenierung handelte. Madsen fuhr mit dem U-Boot vor, er ließ die Journalistin an Bord gehen und er ließ sie noch ihrem Freund und anderen Schaulustigen an Land zuwinken. All das wirkt wie eine Inszenierung der Dominanz. Dahinter verbirgt sich eine für den normalen Geist nur schwer nachvollziehbare Motivlage. Für das psychopathische Gehirn handelte es sich jedoch um eine Gelegenheit, die als ungeahnt günstig gewertet wurde, um eine lange zuvor schon gehegte Fantasie nun in die Tat umzusetzen. Dieses Gehirn wird die Chance und den Augenblick womöglich gar als Entlastung intensiv erlebt haben. Denn nun war die Möglichkeit gekommen, etwas zu tun, worüber dieses Gehirn schon lange fantasiert hatte.

Der Mordprozess offenbarte nämlich auch, was Madsen neben U-Booten und Raketen wirklich beschäftigte, wovon er träumte. Die Details seien dabei so entsetzlich und grausam gewesen, dass selbst die Richter bald darum gebeten haben sollen, nur noch das Notwendigste sehen zu müssen. Denn Peter Madsen war fasziniert vom Tod – genauer gesagt von einem möglichst brutalen Sterben. Er schaute sich bevorzugt sogenannte Snuff-Videos an. Dabei handelt es sich um Videos, in denen Menschen hingerichtet und enthauptet werden – und zwar in der Realität. Diese Filme zeigen reales Sterben und nicht etwa Fiktion. Verbunden mit den Geräuschen, die diese sterbenden Menschen von sich geben.[17] Der Staatsanwalt zeigte sich im Prozess überzeugt, dass diese Videos Madsen sexuell erregten – und dass er sie genau aus diesem Grund dann im U-Boot nachstellte.

Madsen selbst wiederum beteuerte, für ihn hätten die Filme keinerlei sexuellen Wert. Es sei ihm lediglich darum gegangen, emotional berührt zu werden. Doch das glaubte ihm kaum jemand. Vor allem auch aus dem Grund, dass Sperma in der Unterhose gefunden wurde, die Madsen in der Mordnacht trug. Außerdem sagten Zeugen aus, er habe davon geträumt, an Bord der »Nautilus« solche Snuff-Pornos zu drehen. Während der letzten Fahrt soll Madsen zudem eine Kamera an Bord gebracht haben – deren Speicherkarte ist bis heute verschwunden.

Zusammengefasst bildeten die gemeinsamen Stunden an Bord die Gelegenheit, endlich den erträumten Mord begehen zu können. An die rechtlichen Konsequenzen wird ein Mensch wie Madsen dabei kaum gedacht haben, weil für sein Gehirn die Erleichterung wesentlich bedeutsamer war, das Nachlassen eines so lange aufgestauten Drucks. Auch die Konsequenzen für Kim Wall, ihre Schmerzen, ihre Ängste, traten dahinter zurück.

Interessanterweise gibt es bei Psychopathen – beziehungsweise psychopathischen Mördern – ein diagnostisches Phänomen: Zeigt man ihnen etwa ein Bild eines angstverzerrten Gesichtes, dann reagieren sie in der Form, dass sie diesen Gesichtsausdruck wiedererkennen. Weil deren Mordopfer genau diese Reaktion immer zeigten, kurz bevor sie umgebracht wurden. Nur geht dieses Wiedererkennen des Ausdrucks bei dem Psychopathen nicht tiefer, es hat keine weitergehenden Auswirkungen auf sie. Sie brauchen vielmehr den extremen Stimulus, der zu einer Befriedigung führt – der Mord ist für sie also eine Triebbefriedigung.

Der amerikanische Neurowissenschaftler Kent A. Kiehl behauptet vor diesem Hintergrund, dass ein Psychopath im Grunde nicht schuldfähig ist, weil er kein normales Gehirn besitzt. Er hat vielmehr ein Psychopathen-Gehirn, das gar nicht anders kann. Eine solche Behauptung führt natürlich immer zu einem großen Aufschrei, weil der normale Mensch einwerfen will: »Moment mal, die bringen aber Menschen um!« Doch Kiehl und andere Wissenschaftler sind der Meinung, dass für einen mordenden Psychopathen zwar eine Sicherungsverwahrung angebracht ist, dass er auf der anderen Seite aber eben nichts für sein Handeln kann.

Wenn Sicherungsverwahrung gefordert wird, dann weist das noch auf eine weitere Problematik des Psychopathen hin. Wenn etwa Peter Madsen durch den Mord Druck abbaut, dann bedeutet dies nicht, dass dieser Druck dauerhaft verschwunden ist. Er baut sich vielmehr erneut auf und will wieder abgebaut werden – sehr wahrscheinlich durch einen weiteren Mord.

Wie ein charmantes Chamäleon: Der Psychopath von nebenan

Nun ist es wie zuvor erwähnt nicht so, dass jeder Psychopath zum Mörder wird. Psychopathie kann man sich eher wie ein Mischpult vorstellen. An diesem Mischpult lassen sich die verschiedenen Regler unterschiedlich weit aufdrehen. Erst wenn wirklich alle Regler vollkommen aufgedreht sind, stehen wir vor einer Situation wie im Fall Peter Madsen oder bei einem Serienmörder. Bei anderen Psychopathen sind die Regler weniger extrem aufgedreht – als anstrengend erweisen sie sich trotzdem, nicht zuletzt im täglichen Kontakt und damit auch im beruflichen Umfeld.

Allerdings fallen Psychopathen in diesem Umfeld häufig gar nicht sofort auf, sie machen vielmehr immer wieder überraschende Karrieren. Weil sie so unerschrocken handeln, im Kennenlernen ebenso wie etwa bei einer Bewerbung. Sie sind in solchen Situationen nicht aufgeregt, sondern wirken auf andere in erster Linie cool. Der Grund dafür ist, dass bei ihnen der »heiße« empathische Bereich nicht so ausgeprägt ist wie bei anderen Menschen. Im Vordergrund steht bei ihnen vielmehr das »kalte« Kognitive.

Will man solche Psychopathen diagnostisch beschreiben, dann handelt es sich um Personen, die eher gefühlsarm agieren, man würde sie auch als Menschen beschreiben, die keine Angst kennen. Rückschläge sind für sie außerdem nicht sonderlich belastend – sie werden eher als Herausforderung gewertet, der es sich zu stellen gilt. Und gerade Herausforderungen stellen für den Psychopathen letztlich eine Art Lebenselixier dar. Was solche Personen ausmacht und wie sie überhaupt Zugang zu anderen finden, liegt in ihrer Fähigkeit, Gefühle zwar nicht empfinden, sie aber sehr gut imitieren zu können. Sie lernen im zwischenmenschlichen Kontakt, wie sie sich zu verhalten haben, um ein Gefühlsleben vortäuschen zu können. Sie lernen genau das im Verlauf ihres Lebens, weil sie erfahren und gelernt haben, dass es günstig für sie und ihre eigentlichen Pläne ist. Sie handeln letztlich wie Heiratsschwindler, die große Gefühle vorgaukeln.

Wozu ein solcher Schwindler fähig ist, das musste etwa die BMW-Großaktionärin und reichste Frau Deutschlands Susanne Klatten erleben. Die hatte sich mit einem vermeintlich erfolgreichen Unternehmer eingelassen, der sich jedoch als ausgemachter Betrüger entpuppte. Dieser Helg Sgarbi erleichterte Klatten zunächst um einige Millionen Euro und versuchte später noch, die Milliardärin mit kompromittierenden Fotos zu erpressen.[18] Sgarbi besaß all jene Fähigkeiten, die schon angesprochen wurden. Menschen, die ihn kennenlernten, beschrieben ihn als außerordentlich charmant und weltgewandt. Jeder habe sich in seiner Gesellschaft wohlgefühlt, er habe anderen immer das Gefühl vermittelt, dass sie etwas Besonderes seien. Später sollten Zeugen aber noch etwas anderes zu Protokoll geben, das sie zunächst unterschätzten: Nicht wenigen war nämlich Sgarbis Fähigkeit aufgefallen, Menschen in Sekundenschnelle zu scannen und dabei ihre Schwachstellen auszumachen. Genau das ist es schließlich, was eine erfolgreiche manipulative Persönlichkeit ausmacht.

Ein Psychopath ist eine Art soziales Chamäleon. Er passt sich immer wieder neu seiner Umgebung an. Hinzu kommt, dass diese Menschen sehr gut andere manipulieren können, weil es ihnen vollkommen egal ist, was mit den anderen geschieht. Gerne destabilisieren sie zudem Strukturen, weil ihnen diese Destabilisierung und deren Folgen an sich ebenfalls gleichgültig sind, sie ihnen aber einen gewissen Kick beschert. Psychopathen lügen, sie quälen andere Menschen, weil sie eben keine Empathie beziehungsweise kaum Gefühle haben. Im Nachhinein zeigen sie keinerlei Reue im Zusammenhang mit ihren Taten.

Pablo Escobar – Dealer, Mörder, Weltstar

Unternehmen werden nicht nur auf der legalen Seite des Lebens gegründet, auch Kriminelle gründen Unternehmen, und sie führen sie auf ihre ganz eigene Weise zum Erfolg. Ein Beispiel dafür ist der inzwischen legendäre kolumbianische Drogenbaron und Psychopath Pablo Escobar.

Geboren wurde Pablo Emilio Escobar Gaviria im Jahr 1949 als drittes von sieben Kindern des Viehzüchters Abel de Jesús Escobar und der Lehrerin Hermilda Gaviria. Schon seine Jugend zeigte im Grunde, wohin sein Weg einmal führe könnte: Mit seinem Cousin verbrachte er die Zeit vornehmlich auf den Straßen und in den Bars des Medelliner Rotlichtbezirks. Bald machte er außerdem Bekanntschaft mit lokalen Unterweltgrößen. Nicht zuletzt fuchtelte schon der junge Pablo mit Schusswaffen herum, während Mitglieder anderer Banden damals meist nur mit Messern und Macheten bewaffnet waren – was Escobar durchaus Respekt einbrachte. Schon früh schloss er sich dann einer Marihuana-Schmugglerbande an, beteiligte sich an Raubüberfällen und machte Geld mit geschmuggelten Zigaretten. Seine Mutter soll später erklärt haben, er wäre für eine ehrliche Tätigkeit schon immer ungeeignet gewesen, da er sich vor allem große Macht wünschte.

Der Marihuana-Handel jedoch begann in den Siebzigerjahren zu schwächeln. Die neue Modedroge hieß Kokain. Escobar erkannte diese Wende früh und wurde ein Pionier dieses neuen Boom-Geschäfts.

Das Geld floss in Massen und es ermöglichte Escobar den gesellschaftlichen Aufstieg ebenso wie den Aufbau eines riesigen Drogenimperiums. Während seiner besten Jahre soll er bis zu 1,5 Millionen US-Dollar verdient haben – und zwar jeden Tag. Er war als der größte Drogenbaron Kolumbiens bekannt.

Doch es ging eben nicht nur um die Drogen: Escobars Persönlichkeit zeichnete sich nicht zuletzt durch Grausamkeit und Skrupellosigkeit aus. So zählte zu seinen engsten Vertrauten Jhon Jairo Velásquez, genannt »Popeye«. Er wurde zu Escobars verlängertem Arm beziehungsweise zu seinem wichtigsten Mörder, der im Auftrag etwa 300 Menschen getötet haben soll. Doch Escobar und seinen Handlangern fielen nicht nur kriminelle Konkurrenten zum Opfer, er ließ außerdem 30 Richter und 457 Polizisten ermorden. Einen Knick bekam die Karriere des Drogenkönigs allerdings im Jahr 1976. Damals ließ das Departamento Administativo de Seguridad (DAS) Escobars Cousin Gustavo Gaviria verhaften – er hatte in Miami Kokain abtransportiert. Escobar wurde daraufhin ebenfalls verhaftet. Seine Gefängnisstrafe aber saß der nicht ab, er kam vielmehr durch Bestechung schnell wieder frei. Und er rächte sich in der üblichen Form, ließ also DAS-Beamten ermorden, die ihn verhaftet hatten. Diese Vorgänge wurden schließlich zur Geburtsstunde des kolumbianischen Sprichwortes »plata o plomo«, also Silber oder Blei. Entweder man lasse sich also bestechen, oder man bekomme als Alternative Bleikugeln zu spüren.

Escobar selber allerdings sah die Sache aus seinem ganz eigenen Blickwinkel und versuchte seinen Taten immer neue Rechtfertigungen zu geben. Dafür nutzte er auch Thesen seines Schwagers Mario Henao. Dieser war ein linker Intellektueller und lieferte ihm die patriotische Rechtfertigung für den Drogenhandel. Der sei vor allem ein Mittel, um mit dem verdienten Geld ein neues, modernes und fortschrittliches Kolumbien aufzubauen. Escobar selbst gab außerdem eine Zeitung heraus, die seine Person im besten Licht darstellte. Auch stellte sich Escobar als großzügiger Arbeitgeber dar und zahlte dem Personal in seinen Drogenlabors hohe Gehälter. Im Jahr 1978 schließlich wurde er als Abgeordneter in den Stadtrat von Medellín gewählt, damit verbunden war eine politische Immunität, die ihn vor weiterer Strafverfolgung schützte und ihn weiter Geld scheffeln ließ. Im Jahr 1989 kontrollierte sein Kartell 80 Prozent des internationalen Kokainmarktes und das Forbes Magazine schätzte sein Privatvermögen auf 2,7 Milliarden Dollar, was ihn zum siebtreichsten Mann der Welt machte.

Vor allem aber hielt Pablo Escobar sich für unantastbar und schreckte jetzt vor nichts mehr zurück. So stürzte am 27. November 1989 der Avianca-Flug 203 infolge einer Bombenexplosion ab, alle 107 Insassen starben. Die Verantwortung für den Anschlag wurde Escobar zugeschrieben.

Das alles konnte jedoch nicht ewig so weitergehen. Auch weil Escobar inzwischen eine regelrechten Krieg gegen den Staat führte. Auslöser: ein von der kolumbianischen Regierung beabsichtigtes Gesetz zur Auslieferung von Drogenhändlern an die USA. Um das zu verhindern ließ er Hunderte von Polizisten, Richtern und Staatsanwälten ermorden. Außerdem überzog er die Hauptstadt Bogotá mit Bombenterror. Eines der spektakulärsten Bombenattentate legte die Büros der Tageszeitung *El Espectador* in Bogotá in Trümmer. Auch Entführungen von Angehörigen des öffentlichen Lebens in Kolumbien gingen auf Escobars Konto – immer wieder mit tödlichem Ausgang. Für seinen eigenen Schutz engagierte er Leibwächter. Aber Escobar überspannte den Bogen immer mehr. Die Feindschaft der zuvor häufig bestechlichen kolumbianischen Polizei erwarb sich Escobar etwa durch ein Kopfgeld von 500 bis 1000 Dollar, das er für getötete Polizisten aussetzte.

Doch nicht nur die Polizei, auch Teile der Unterwelt wandten sich schließlich gegen ihn: So finanzierte ein konkurrierendes Drogenkartell gemeinsam mit Angehörigen von Escobars Mordopfern eine regelrechte Todesschwadron, die teilweise wohl auch staatlich unterstützt wurde. Sie führte einen Privatkrieg gegen Escobar, tötete dessen Handlanger und zerstörten seine Drogen-Laboratorien. Das geschah so effektiv, dass Escobar das Geld ausging, um seine Männer zu bezahlen. Außerdem gelang es dem konkurrierenden Cali-Kartell, Escobars Platz als Drogenlieferant in den USA zu übernehmen. Obwohl Escobar zunehmend aus dem Geschäft gedrängt wurde, stieg der Drogenexport in die USA in dieser Phase noch einmal an.

Escobars Ende kam schließlich am 2. Dezember 1993. Eine US-amerikanisch-kolumbianische Eliteeinheit erschoss ihn bei einer Razzia in Medellín. Nach all den Jahren war der Drogenbaron unvorsichtig geworden, hatte aus einem Versteck heraus mit seinem Sohn telefoniert – die Ermittler konnten den Anruf zurückverfolgen und den Gesuchten stellen. Allerdings gibt es zu den Vorgängen auch eine alternative Version. Sein Sohn berichtete später, der Vater habe sich selbst getötet, nachdem er sich durch mehrere Anrufe bewusst habe finden lassen, um das Leben seiner Familienmitglieder zu schützen. An Escobars Beerdigung nahmen mehr als 20 000 Menschen teil.

Zusammengefasst lässt sich sagen: Pablo Escobar war definitiv ein Psychopath. Aber er war auch clever und machiavellistisch. Was sich unter anderem daran zeigt, dass er sich immer wieder für die Leute einsetzte, die zu jener Schicht zählten, aus der er ursprünglich stammte. Er baute für Menschen aus den Slums Wohnungen, er baute Fußballstadien. Doch er hat all das nicht wirklich nur für die Menschen getan, er hat es nicht zuletzt für sich selbst getan. Damit diese Taten ein gutes Licht auf ihn werfen. Er hat viele Menschen mit der Absicht begünstigt, dass diese später zu seinem persönlichen Schutz da waren. All das hat über lange Zeit sehr gut funktioniert. Erst als er selber nicht mehr unangreifbar war, klappte es nicht mehr. Auch das ist ein typisches Symptom einer psychopathisch-narzisstischen Persönlichkeit: All diese Menschen machen irgendwann Fehler, weil sie keine Bodenhaftung mehr haben. Irgendwann fallen diese Personen – immer. Egal ob es ein Ackermann ist, ein Beckenbauer oder auch ein Joseph Blatter. Weil diese Menschen an einem bestimmten

Punkt den Kontakt zur Realität verlieren. Und was hat ein hochkrimineller Drogendealer und Mörder wie Escobar mit einem Fußballhelden wie Franz Beckenbauer zu tun? Menschen, die lange Zeit so handeln können, wie sie es wollen, gehen schließlich davon aus, dass sie wirklich immun gegen die Einflüsse jener Welt seien, von der sie sich so weit entfernt haben. Wie sehr der Kontakt zur Wirklichkeit verloren gehen kann, das zeigt sich in der Person Escobar in vielen Situationen. So hatte er den Bezug zum Geld vollkommen verloren. Geld war für ihn etwas, das man in Stapeln hortete und mit dem man Ladeflächen von Lastwagen füllte, um es zum Bestimmungsort beziehungsweise dem Empfänger bringen zu können.

Gefangen in der Konsistenz-Falle: Psychopathie und Schauspielerei

Die Einordnung beziehungsweise Beschreibung des Psychopathen führt uns noch einmal zurück zu Peter Madsen. Denn dessen Fall und auch sein gesamtes Leben wirken ja vordergründig wie die Geschichte eines Menschen, der sich niemals angepasst hat, dem es überwiegend egal schien, was andere Menschen von ihm dachten. Blickt man jedoch genauer auf den Fall, dann wird klar, wie weit Madsen sich anpasste, wie gekonnt und effizient er manipulierte. Denn allein die Tatsache, dass die ermordete Kim Wall zu ihm auf das U-Boot kam, spricht ja dafür, dass der spätere Mörder sehr genau wusste, welche Rolle er spielen musste, um sein Ziel zu erreichen. Auf der anderen Seite brauchte Peter Madsen für den Bau des U-Bootes und seiner Raketen beträchtliche Gelder. Er war in diesem Zusammenhang in der Lage, auf andere Menschen einzugehen, und vor allem war er in der Lage, solche Geldgeber für sich und seine Vorhaben zu gewinnen. Sicher hätte kaum jemand stattliche Geldsummen zur Verfügung gestellt, hätte er Madsen für einen verrückten oder gar gefährlichen Menschen gehalten. Vielmehr war Madsen immer wieder in der Lage, die dunklen Seiten seiner Persönlichkeit sehr gut zu verstecken. Psychopathen sind sehr gute Schauspieler, die für das Erreichen ihrer Ziele soziale Techniken anwenden. Wäre das nicht der Fall, dann wären sie nicht so erfolgreich.

Die Kaltblütigkeit hilft Psychopathen dabei, etwa in der Rolle eines Geschäftsführers zu bestehen. Zudem ist ihnen die Fähigkeit gegeben, andere Menschen sehr genau zu lesen. Damit können sie andere in Verhandlungen oder Auseinandersetzungen sehr gut analysieren und sie können ihnen gegenüber daher sehr gut bestehen. Und immer bleiben sie in all diesen Situationen cool, weil sie sich persönlich als nicht betroffen empfinden. Zieht man nun Fallbeispiele aus Unternehmen heran und spricht mit Betroffenen, die sich entschlossen haben, einen Schlussstrich zu ziehen, dann begegnet man immer wieder einem interessanten Phänomen. Diese Betroffenen berichten nämlich alle, sie könnten sich gar nicht mehr erklären, warum sie diese ganzen Zumutungen so lange mitgemacht haben, so lange dieses erniedrigende Spiel über sich ergehen haben lassen. Die Antwort darauf aber ist schon gegeben: Sie haben es mit sich machen lassen, weil der Psychopath sein Gegenüber so genau einschätzen kann, er kann die Menschen regelrecht lesen – und mit diesem Wissen auch manipulieren.

Betrachtet man solche Situationen aus dem Blickwinkel der Manipulationspsychologie, dann gibt es einen entscheidenden Moment, den man als Konsistenz-Falle bezeichnet. Die Opfer wollen konsistent handeln, sie wollen also, dass ihre Persönlichkeit und ihr Handeln mit ihrem bisherigen Verhalten übereinstimmen. Die Zusammenarbeit mit einem Psychopathen beginnt meist recht harmlos, denn er arbeitet mit einer Art funktionaler Wertschätzung des anderen – er setzt diese Wertschätzung also gezielt ein, weil sie ihm helfen könnte, seine eigenen Ziele zu erreichen. Verbunden ist die geäußerte Wertschätzung dann häufig mit der Forderung einer absolut bedingungslosen Loyalität und dazu noch einer dauerhaften Verfügbarkeit. Danach folgen dann zunächst leichte Irritationen bei den Opfern, mit dem Gefühl, etwa Unwahrheiten erzählt zu bekommen. Die Personen bekommen erste Eindrücke von der schroffen Gefühllosigkeit der psychopathischen Persönlichkeit. Dann kommt scheinbar plötzlich jener Moment, in dem Werte, Vereinbarungen oder Regeln jegliche Bedeutung verlieren.

Dabei zeigt sich dann das, was Menschen an einem Psychopathen gleichzeitig so sehr fasziniert: ihr vollkommen angstfreies Handeln nämlich. Diese Menschen gehen selbst in kritische Gespräche mit einem Vorstand oder dem Geschäftsführer, ohne das geringste Empfinden von Stress zu haben. Auch das beruht auf dem Fakt, dass sie eben keine wirklichen Emotionen spüren. Hinzu kommen bei ihnen jedoch noch unberechenbare Schwingungen, wie sie etwa bei Peter Madsen beschrieben wurden. Der war unter anderem für seinen Jähzorn und seine plötzlichen, vollkommen unvorhersehbaren Wutausbrüche berüchtigt. So etwas ist für »normale Gehirne« einfach nur erschreckend und unverständlich, weil unser Gehirn ein derart von jeglicher Norm abweichendes Verhalten einfach nicht einzuschätzen weiß. Was schlussendlich zu Stress führt. Doch eine solche dominante Person fordert im Kern von anderen nichts anderes als Unterordnung. Eine alte Definition des Begriffes Macht lautet[19]: »Macht ist das Akzeptieren von Verhaltens-Zumutungen.« In der Zusammenarbeit mit einem Psychopathen steigt die Dosis dieser Zumutungen im Laufe der Zeit. Und hier sind wir wieder bei der Konsistenz-Falle. Ein Mitarbeiter hat den Wunsch oder die Forderung an sich selbst, dass er sich konsistent verhält. Nun aber hat er Aggressionen, Kränkungen, Demütigungen oder andere Verhaltens-Zumutungen in einer ersten Situation ausgehalten, er hat sie auch in einer zweiten und bald sogar in einer dritten Situation ausgehalten. Bald schon folgt eine weitere, noch deutlichere Abwertung oder Zumutung, die ausgehalten beziehungsweise akzeptiert wird. Wurden diese Momente nun schon mehrmals erlebt, dann wird es von Mal zu Mal unwahrscheinlicher, dass der Einzelne einen Schlussstrich zieht – weil er sein eigenes Handeln inzwischen gewohnt ist und es inkonsistent wäre, sich diesen Zumutungen nun entziehen zu wollen. Für den Psychopathen dagegen spielt konsistentes Verhalten überhaupt keine Rolle, er kann sich aber an der Zerrissenheit des anderen bedienen und so dessen Konsistenz-Falle nutzen.

Vor diesem Hintergrund können wir uns glücklich schätzen, dass es vergleichsweise wenige Psychopathen gibt. In einem vorherigen Kapitel habe ich bereits von Schätzungen berichtet, dass etwa vier bis fünf Prozent aller Menschen psychopathisch sind oder eine Tendenz in diese Richtung haben. Glaubhafte Studien allerdings behaupten, als echte Psychopathen seien gerade ein Prozent der Menschheit einzuordnen. Stellt man jedoch Untersuchungen im Management von Unternehmen und bei den führenden Köpfen erfolgreicher Start-ups an, dann liegt dort der Anteil um ein Vielfaches höher, auch wenn man sich über die wahren Zahlen nicht vollkommen einig ist. So wird mal ein Anteil psychopathischer Führungskräfte zwischen acht und 14 Prozent genannt, eine andere Studie behauptet, dass der Anteil der Psychopathen mit der Höhe der Position in einer Hierarchie ansteigt, und dass es sich insgesamt um nicht weniger als 21 Prozent der Führungskräfte handelt, die entsprechende Persönlichkeitsmerkmale aufweisen.[20] Nehmen wir aber als Mittelwert die 14 Prozent Psychopathen in Führungspositionen. Das mag sich einerseits wie ein eher niedriger Wert anhören, auf der anderen Seite aber bedeutet diese Zahl, dass eine psychopathisch geprägte Persönlichkeit in immerhin 14 Prozent der Fälle Vorteile im Hinblick auf ihre Karriere genießt.

Schauen wir uns dann noch an, wo diese Menschen besonders häufig ihren Platz finden, dann führt dies zu drei Bereichen: Versicherungen, Vertrieb und Banken. Bei allen dreien handelt es sich um Bereiche, in denen viel Geld verdient werden kann. Und gerade die Banken geraten in letzter Zeit immer wieder durch Fehlentscheidungen und deren Folgen in die Schlagzeilen.

Berühmt-berüchtigt ist etwa der Fall der Investment-Bank Lehman Brothers, die infolge der Finanzkrise im Jahr 2008 Insolvenz anmelden musste. Deren Vorsitzender war seit dem Jahr 1994 Richard S. Fuld, der wiederum durchaus als Prototyp eines Psychopathen gewertet werden kann. So erhielt Fuld von den Mitarbeitern wegen seiner Wutausbrüche den Spitznamen Gorilla. Wer

Fuld kennenlernte, beschrieb ihn zudem als schroff, skrupellos und selbstherrlich.

Auf der anderen Seite fühlte sich Fuld, wahrscheinlich in Ermangelung von Empathie, durch seinen Spitznamen in keiner Weise gekränkt. Er ließ vielmehr in seinem Büro einen ausgestopften Gorilla aufstellen. Und vor allem ging es einem Menschen wie Fuld ja darum, Geld zu verdienen. Genau das bekam er reichlich. Sein Einkommen während seiner Jahre bei Lehman Brothers wird auf insgesamt rund eine Milliarde US-Dollar geschätzt, noch im Jahr 2007 – ein Jahr also vor der Pleite – soll er 45 Millionen US-Dollar bekommen haben. Im Endeffekt hatte Fuld eine der größten Pleiten der Bankgeschichte zu verantworten, doch das konnte ihm wenig anhaben. Er hatte im Grunde eine schöne Zeit gehabt und er gründete schon im Jahr 2009 seine eigene Beratungsfirma Matrix Advisors, die ihre Kunden hinsichtlich Strategien und Risikomanagement berät. [21]

Mehmet E. Göker – der Puppenspieler von Kassel

Mehmet Göker wurde vor allem von den Versicherungsunternehmen gefeiert und geradezu auf ein Podest gehoben. Sein Motto lautete: »Tough sein – gewinnen, gewinnen, gewinnen.« Daneben aber ist Göker ein Beispiel dafür, dass es vollkommen egal ist, wie ein erfolgreicher Mensch agiert – solange es keine Anzeige gibt, und daher noch alles legal erscheint. Das galt für Göker bis zum Jahr 2009, als es um den Vorwurf der systematischen Urkundenfälschung ging.

Die Geschichte des Memet Ercan Göker ist letztlich die oft erzählte Geschichte des Weges vom Tellerwäscher zum Millionär – in diesem Falle jedoch angereichert durch die Geschichte einer Persönlichkeitsstörung in Form der Psychopathie. Göker kam 1979 in Kassel als Sohn eines aus der Türkei eingewanderten Schusters zur Welt. Er absolvierte eine Ausbildung zum Versicherungskaufmann bei der DKV Deutsche Krankenversicherung Aktiengesellschaft und gründete im Jahr 2003 das Unternehmen MEG Versicherungsspezialist – wobei sich der Name MEG aus den Initialen des Mehmet Ercan Göker zusammensetzt. Diese MEG tätigte Maklergeschäfte mit Versicherungs- und Bausparverträgen. Schon Ende 2005 soll die MEG 40 selbstständige Mitarbeiter gehabt haben, im Jahr 2006 gründete Göker die MEG AG und Ende des Jahres beschäftigte die Gesellschaft dann schon 150 Mitarbeiter.

Bekannt wurde die Geschichte der MEG der Öffentlichkeit nicht zuletzt durch einen Dokumentarfilm aus dem Jahr 2011. Dieser Film trug den Titel »Versicherungsvertreter – Die erstaunliche Karriere des Mehmet Göker« und lief erfolgreich auch in den Kinos.[22] Beschrieben wird darin, wie ein gerade 25-jähriger Göker mit dem Telefonvertrieb privater Krankenversicherungen seine erste Million erwirtschaftete – jedenfalls nach eigenen Angaben. Danach steigerte das Unternehmen den Umsatz noch weiter und es wurden auch immer wieder neue Mitarbeiter angeworben. Denn für die gab es durchaus Anreize in Form hoher Provisionen und Luxusgeschenke wie Fernreisen oder geleaste Sportwagen. Die Szenen des Films zeigen immer wieder auch einen Göker, der sich mit folgsamen Mitarbeitern umgibt, die sich als Zeichen ihrer Ergebenheit sogar das Firmenlogo auf die Handgelenke tätowieren lassen, nachdem Göker dies als Erster vormacht. Es scheint ein geradezu sektenartiger Kult um die Firma gewesen zu sein, dem sich die Mitarbeiter nicht mehr entziehen konnten oder es nicht einmal wollten. Göker selbst wird bei all dem als Alleinherrscher beschrieben, der als eine Art Gott über allem steht. Im Jahr 2009 beschäftigte er schließlich über 1 000 Mitarbeiter. Der Grund für den Erfolg bestand vor allem darin, dass private Krankenversicherer, wie Axa oder die Hallesche, immer höhere Provisionen zahlten. So kassierte die MEG AG laut der Dokumentation bis zu 8 000 Euro für den Abschluss eines einzigen Vertrages. Göker soll zu diesem Zeitpunkt der zweitgrößte Vermittler von privaten Krankenversicherungen in Deutschland gewesen sein.

Doch der Traum währte nicht lange: Im Jahr 2007 begannen die Strafverfolgungsbehörden sich für das Unternehmen zu interessieren. Dabei ging es zunächst um den Vorwurf der Scheinselbstständigkeit der Versicherungsvertreter, bald jedoch wurden auch die Firmenräume und die Privatwohnungen mehrerer Vorstandsmitglieder durchsucht. Das Verfahren endete im August 2008 mit einer Verurteilung Gökers zu 720 Tagessätzen à 1 000 Euro wegen nachgewiesener Weisungsgebundenheit der angeblich selbstständigtätigen Vertriebsmitarbeiter. Im Jahr 2009 kam es zudem zu mehreren Fällen von Urkundenfälschungen durch Mitarbeiter beim Einreichen von Kundenverträgen. Vor dem Hintergrund dieser Vorkommnisse und wegen finanzieller Probleme legte Göker am 11. September 2009 den Vorstandsvorsitz nieder. Zu diesem Zeitpunkt war der Versicherungskonzern Axa der größte Gläubiger der MEG. Axa sorgte dann auch dafür, dass die MEG ohne großartige Prüfung für einen Euro von der Aragon AG übernommen wurde. Kurz darauf wurden jedoch zuvor nicht bekannte Verbindlichkeiten in zweistelliger Millionenhöhe bekannt und die Sanierung der MEG scheiterte endgültig.

Womit der Fall aber längst noch nicht abgeschlossen war: Im Mai 2011 musste sich Göker erneut vor Gericht verantworten. Die Staatsanwaltschaft warf ihm Untreue vor, weil er Provisionszahlungen in Höhe von 20 500 Euro in bar angenommen haben soll. Das Geld aber habe Göker zu jener Zeit an die MEG oder den späteren Insolvenzverwalter weiterleiten müssen. Im September 2011 schließlich wurde er in Abwesenheit zu einer Bewährungsstrafe von sechs Monaten verurteilt. Gegen dieses Urteil legte Göker Berufung ein. Dieses Verfahren jedoch wurde im September 2012 eingestellt. Der Grund: Inzwischen sollte eine deutlich schwerwiegendere Anklage wegen des unerlaubten Handels mit Datensätzen erhoben werden. Ebenfalls im Jahr 2012 erhob die Staatsanwaltschaft Kassel auch Anklage wegen gewerbsmäßigen Betruges. Dieses Mal lautete der Vorwurf, Göker habe einem Mitarbeiter und dessen Gattin wegen der Insolvenz willkürlich überhöhte beziehungsweise niedrige Gehälter gezahlt, um deren Pfändung zu umgehen.

Mehr noch: Auch Gökers einstiger Stellvertreter Vincent Ho befand sich vom November 2012 bis Ende Mai 2013 in Untersuchungshaft. Ihm wurde Betrug und Verrat von Geschäftsgeheimnissen sowie das Beiseiteschaffen von Geschäftsdaten vorgeworfen. Letzteres soll er mit seinem früheren Chef begangen haben. Gegen Göker selbst liegen inzwischen ein Haftbefehl in Deutschland sowie ein internationaler Haftbefehl vor.

Ende Februar 2015 wurde bekannt, dass die AXA vor dem Landgericht Kassel von Göker 2,6 von 3,1 Millionen Euro gezahlter Vorschüsse zurückforderte. Das Unternehmen habe sich dabei auf den Courtagehaftungsanspruch gegenüber dem ehemaligen Geschäftsführer der MEG AG berufen. Allerdings steht man in diesem Zusammenhang vor einem Problem: Göker hat sich inzwischen in die Türkei abgesetzt. Da aber mit diesem Land kein Auslieferungsabkommen besteht, kann der internationale Haftbefehl gegen Göker nicht vollstreckt werden. Die Hauptverhandlung begann am 8. März 2018 in Kassel damit, dass Gökers Anwalt das Nichterscheinen seines Mandanten ankündigte.

Der hatte schließlich zu tun: »Mehmet Gökers neue Abzockbude: Simplex Optima« lautete eine Überschrift im Januar 2018.[23] Das neue Unternehmen arbeitet laut dem Gerlachreport nach üblicher Methode: Der Geschäftsführer stelle in Mönchengladbach Büro und Infrastruktur zur Verfügung. Für Geldwäsche und illegale Finanztransaktionen bekomme er im Gegenzug einen Teil von Gökers Umsatz. Mehmet Göker selbst sorge für das Stammkapital: Die Simplex Optima habe ein Stammkapital von immerhin einem Euro und sei so mit dem Kauf von ein paar Briefmarken faktisch pleite. Ein psychopathischer Betrüger ist eben ein psychopathischer Betrüger, der ein psychopathischer Betrüger ist. *Dark Leadership* in Reinkultur, sozusagen.

George Clooney trifft Adolf Hitler: Psychopathen erkennen

Noch zu beantworten ist nach alldem diese Frage: Wie wir denn nun in unserem Alltag einen Psychopathen erkennen können. Der schon erwähnte kanadische Kriminalpsychologe Robert D. Hare fasst die Antwort darauf so zusammen: Der Psychopath ist charmant wie George Clooney, er ist selbstherrlich wie Josef Stalin, verlogen wie Pinocchio und betrügerisch wie der amerikanische Anlagebetrüger Bernard Madoff, dazu dann noch aufbrausend wie Adolf Hitler und sexuell untreu wie Giacomo Casanova.

Was einen Psychopathen aber vor allem ausmacht, ist seine maximal ausgebildete Fähigkeit, andere Menschen zu lesen und mit diesem Wissen immer wieder absolut skrupellos zu agieren. Genau das sind die Faktoren, die in einem normalen Umfeld wohl besonders häufig eine Rolle spielen.

Zur Verdeutlichung noch einmal ein Beispiel aus einem Unternehmen in Deutschland, mit dem ich mich in meiner Tätigkeit als Berater zu beschäftigen hatte. Die Hauptrolle spielte dabei ein Manager in Süddeutschland, der unterhalb der Geschäftsführung tätig war. Die Kollegen in seinem Umfeld sagten mir über diese Person unisono, sie wüssten im Grunde nicht, was der für ein Mensch sei, sie sagten ebenfalls gleichlautend, sie würden ihm nicht trauen. Schließlich lernte ich besagten Manager persönlich kennen: Er berichtete mir, zuvor Geschäftsführer einer Unternehmensberatung gewesen zu sein, er habe zudem bereits in den verschiedensten Branchen gearbeitet, etwa in der Automobilbranche, auch seine Auslandserfahrungen, wie eine Position in Frankreich, blieben nicht unerwähnt. Außerdem sei er einmal Redakteur für den Wirtschaftsteil einer namhaften deutschen Zeitung gewesen. Rückblickend hatte dieser Mann etwa alle drei Jahre seinen Arbeitgeber gewechselt.

Für mich allerdings war diese Auflistung weit weniger interessant als das Beobachten seines Verhaltens. Lächelte der Mann etwa – oder versuchte ein Lächeln nachzuahmen – dann zeigte nur ein sehr kleiner Teil seines Gesichts dieses Lächeln, die restlichen Gesichtsareale, vor allem der Bereich um die Augen, blieben völlig unbewegt. Das führte in mir zu einer Gefühlsreaktion, die viele Menschen bei der Begegnung mit einem Psychopathen spüren: der Impuls, möglichst schnell aus dessen Nähe verschwinden zu wollen. Es hört sich immer dramatisch an, wenn ein Psychopath mit einem Raubtier verglichen wird – die körperliche Nähe eines solchen Menschen kann jedoch durchaus das Gefühl einer Gefährdung wecken.

Interessant fand ich im Gespräch mit diesem Manager vor allem seine wie ein Mantra wiederholt vorgetragene Aussage, er gehöre eigentlich in die Geschäftsführung. Er führte zu dieser Zeit in dem Unternehmen ein Einschätzungssystem für die gesamte Führungsmannschaft ein. Er selber verfügte ab diesem Zeitpunkt auf seinem iPhone über die Profile aller Manager. Er sagte mir dazu, dass er im Grunde nun mit niemandem zu sprechen brauche, die Kurzprofile würden ihm genau die Schwächen der anderen zeigen, die Knöpfe, die er betätigen müsse. Er wisse also exakt, wie er im Einzelfall zu agieren habe. Dieser Mann scannte nicht nur Individuen, er scannte gewissermaßen die komplette Organisation.

Auch die Mitarbeiter in seinem Umfeld waren in einem seltsamen Zustand. Ein gestandener Mitarbeiter, den ich persönlich kannte, saß erschöpft und mit Kopfschmerzen auf seinem Stuhl. Eine Abteilungsleiterin hatte zu jener Zeit bereits gekündigt, zahlreiche weitere Mitarbeiter bewarben sich bei anderen Unternehmen. Im Grunde wollte niemand noch länger im Umfeld dieses Managers bleiben. Wer die Büroräume betrat, konnte diese angespannt bis verzweifelt wirkende Stimmung regelrecht spüren. Externe, wie auch ich, hatten kaum mehr Möglichkeiten, diesen Manager zu umgehen, um Kontakt mit der Geschäftsführung aufzunehmen. Alles ging über seinen Tisch, alle anderen Kontakte waren regelrecht gekappt.

Ich selber kannte gerade dieses Unternehmen aus der Zeit zuvor und ich kannte es als ein Unternehmen, in dem die Mitarbeiter wirklich Spaß an ihrer Arbeit hatten, gerne auch gemeinsam feierten. Nun aber sagten mir alle, genau diesen Spaß gebe es nicht mehr, die Luft sei raus. An die Stelle des Spaßes trat ein verbreitetes Gefühl von Kraftlosigkeit. An vorderer Stelle mitverantwortlich dafür waren die Dominanz-Gesten des Managers, der immer wieder deutlich machte, ihn interessiere im Grunde gar nicht, was die übrigen Mitarbeiter taten.

Wie kann eine Unternehmensleitung nun zu einem klaren Bild der Situation kommen? In einem solchen Fall zu einer Lösung zu gelangen, das ist sicher kein einfaches Unterfangen. Vor allem weil der überwiegende Teil der Psychopathie-Forscher sich in dem Punkt einig ist, dass man einen Psychopathen nicht ändern kann. Das muss einem klar sein, bevor man an eine solche Aufgabe herangeht.

Ich empfehle vor diesem Hintergrund immer, die kritischen Vorfälle zu notieren, sie sehr genau zu dokumentieren. Weil es wichtig ist, zu verstehen, mit welchen Mustern wir es zu tun haben. Diese Mustererkennung beinhaltet auch das Verstehen, welche Trigger ausgelöst werden. Welche Knöpfe werden gedrückt, die mich destabilisieren?

Eine andere mögliche Vorgehensweise ist das Einfordern von Vereinbarungen. Also deutlich zu sagen, es sei dieser Punkt ausgemacht gewesen und diesen wolle man nun eben erfüllt haben. Genau so etwas mag ein Psychopath nämlich gar nicht. Man sollte sich davon jedoch nicht abbringen lassen, selbst wenn der Psychopath sehr eloquent gegensteuert.

Für das eigene Gehirn ist es sich außerdem günstig, das eigene Territorium zu verteidigen und zudem eine gewisse Distanz zu dem Psychopathen zu wahren oder herzustellen. So etwas tun wir zum Teil automatisch, wir sollten diese Vorhaben dazu aber noch bewusst unterstützen. Wichtig ist es darüber hinaus klare Grenzen zu ziehen und aus der zuvor erwähnten Konsistenz-Falle wirklich auszubrechen.

Der Psychopath wird nun seinerseits taktisch versuchen, den Einzelnen zu isolieren. Für uns auf der anderen Seite bedeutet dies, dass wir uns eine Vertrauensperson suchen sollten, mit der wir wirklich sprechen können, die uns womöglich unterstützt. Denn es kann lebenserhaltend sein, sich mit anderen zu verbünden – und zwar nicht nur, wenn ein Psychopath wie Peter Madsen einen Mord plant, es ist auch im übertragenen Sinne lebenserhaltend, wenn es etwa um Mobbing geht.

Selbst klare Grenzen zu ziehen bedeutet zudem, dass wir selber konsequent handeln und uns von dem anderen nicht hinhalten lassen. Noch einmal: Wurde etwas klar vereinbart, dann müssen wir darauf beharren, dass wir es zum vereinbarten Termin auch wirklich erhalten. Einen Psychopathen nur um die Einlösung eines gemachten Versprechens zu bitten, wird dagegen kaum hilfreich sein und kaum zu Ergebnissen führen. Weil auf diese Weise nichts geschieht, denn der Psychopath fühlt sich dem Versprechen gegenüber nicht verpflichtet. Er kennt zwar den Begriff des Versprechens, er kennt aber nicht dessen Bedeutung und das, was ein normaler Mensch damit verbindet. Zudem kann es bei Problemen mit einem Psychopathen im beruflichen Umfeld durchaus ratsam sein, die Personalabteilung mit einzubeziehen und beispielsweise zu fragen, ob zuvor schon ähnliche Vorfälle bekannt geworden sind. Ebenfalls möglich und empfehlenswert ist das Hinzuziehen psychologischer Fachkräfte.

Führen all diese Maßnahmen am Ende zu keiner positiven Veränderung, besteht immer noch die Möglichkeit, das Unternehmen zu verlassen. Denn immer verbirgt sich hinter diesen Problemen für den Einzelnen die Frage, wie lange er all das mitmachen will beziehungsweise kann. Oft erscheint es mir daher wirklich als gute Option, sich den Vorgängen zu entziehen, indem man die Stätte des psychopathischen Wirkens verlässt.

Findet ein Einzelner jedoch keine Alternative, dann gibt es immer drei Optionen: Die eine lautet, alles weiter so laufen zu lassen wie bisher. Die zweite Option ist die, selbst bei mangelnden Alternativen das problematische Umfeld zu verlassen. Interessant finde ich persönlich jedoch vor allem eine dritte Alternative: dass betroffene Personen sich sagen, das alles gefalle ihnen zwar nicht, sie entscheiden sich jedoch trotzdem bewusst, an ihrem Arbeitsplatz zu bleiben. Und zwar, weil sie es wollen. Im Rahmen einer schwedischen Studie verzeichnete man bei solchen Personen ähnlich gute Ergebnisse als psychisch stabilisierende Effekte wie bei denen, die eine Organisation wirklich verlassen haben. Erklären lässt sich das mit der Stärkung der eigenen Autonomie. Diese Menschen haben bewusst Grenzen gezogen und fühlten sich aufgrund dessen nicht länger ausgeliefert.

Zurück zu unserem Beispiel. Durch einen günstigen Moment hatte ich die Gelegenheit in der Abteilung dieses Managers zu arbeiten. Dies bot mir die Chance kritische Vorfälle zu sammeln und mit den Mitarbeitern direkt zu sprechen. Zeitgleich konnte ich Kontakt zur Unternehmensleitung aufbauen und in einem Termin darum bitten, das Manager-Verhalten zu beobachten und auf toxische Kommunikation zu achten. Durch die Kündigungen war die Unternehmensleitung bereits alarmiert. Wir schafften uns ein gemeinsames Bild der Situation. Der Vorsitzende der Unternehmensleitung handelte konsequent. Es gab einen Aufhebungsvertrag. Drei Mitarbeiter zogen daraufhin ihre Kündigung zurück. Mittlerweile gibt es einen neuen Manager.

6

ERFOLG DER EGOMANEN: DARK LEADERSHIP IM ALLTAG

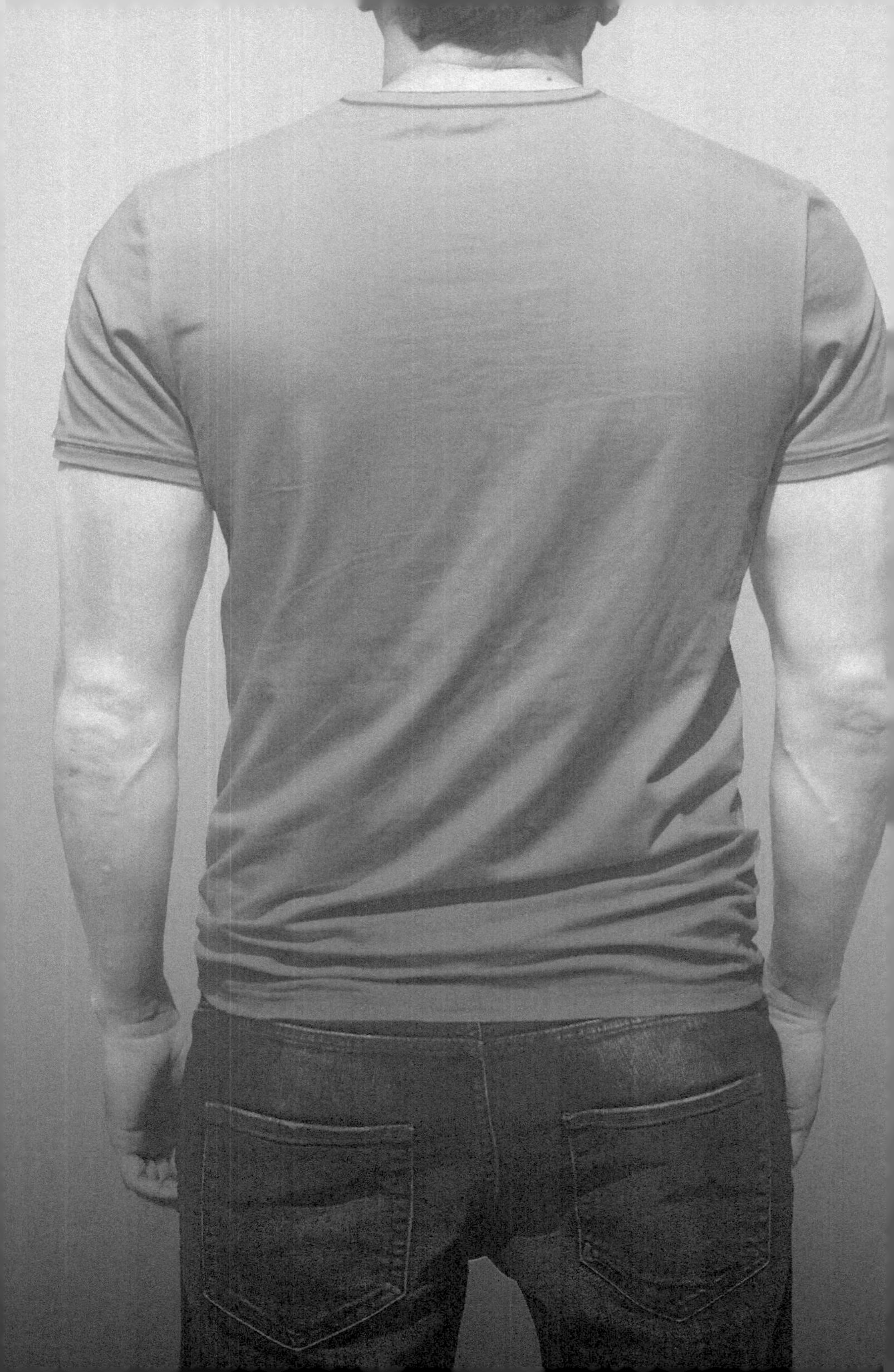

Kürzlich hielt ich ein Seminar in Frankfurt in einem internationalen Beratungsunternehmen, an dessen Ende eine Frau auf mich zukam und mich fragte, ob sie noch kurz mit mir reden könne. Selbstverständlich bejahte ich die Frage, worauf die Frau in Tränen ausbrach. Auf meine Frage, was denn los sei, lautete die Antwort, sie könne hier so nicht weiterarbeiten. Sie lebe unter einem ständigen Druck, ihr Chef schreie sie an. Sie arbeite nicht selten bis nachts um zwei oder drei Uhr, und das seit mehreren Jahren – sie könne einfach nicht mehr. Aus meiner Sicht hatte diese Frau eine Erschöpfungs-Depression. Ich stimmte der Frau zu, dass sie einen neuen Arbeitsplatz brauchte, und ich stimmte ihr daher auch zu, sich möglichst schnell nach einem neuen Job umzuhören. Mittlerweile hat die Frau dieses Vorhaben auch umgesetzt.

Warum ich von diesem Fall berichte, hat folgenden Hintergrund: Wenn wir von der Arbeit und dem Arbeitsumfeld reden, dann gehen wir in der Regel von etwas Gutem und Hellem aus, wir sprechen gerne über Motivation, Transformation, Change oder gar Demokratisierungsideen. Doch in vielen Fällen geht es eben auch um Menschen, die sich verändern. Besagte Frau berichtete nämlich unter anderem davon, dass ihr Chef früher ein ganz anderer Mensch gewesen sei. Seit er aber eine Managerrolle bekleidete, handelte er schlichtweg wie ein Berserker, behandelte seine Untergebenen schlecht.

Für mich stellt sich bei solchen Vorfällen die Frage, ob es sich dabei nur um die Veränderung Einzelner handelt, oder ob es Zusammenhänge etwa mit Veränderungen der Gesellschaft gibt. Meinem Empfinden nach ist es nämlich so, dass sich die Gesellschaft in eine eher psychopathische Richtung entwickelt. Eine Richtung, in der politische Führer plötzlich nicht mehr korrekt sein müssen. Die Namen Orbán, Erdogan oder Alice Weidel stehen für Tendenzen, die sich wegbewegen von dem, worauf wir uns lange Zeit vertrauensvoll verlassen haben. Stattdessen haben nun egomane und abgebrühte

Personen einen erstaunlichen Erfolg. Auf der Strecke bleiben dabei Personen, die in besten Absichten handeln. Auf den normalen Menschen bezogen finden wir uns in einer Zeit wieder, in der viele sich nicht mehr wohlfühlen, sie sind krank oder hegen gar suizidale Gedanken. Mancher klagt über psychosomatische Beschwerden in der Form, dass er bereits Kopfschmerzen bekommt, wenn er oder sie nur an den Raum denkt, in dem gearbeitet werden soll.

Nun gibt es aber nicht nur die Neuen, die es in diesen Zeiten in Spitzenpositionen schaffen, es gibt immer noch diejenigen, die schon vorher die Karriereleiter erklommen haben. Was zu der Frage führt, ob auch diese Chefs nun ihren Stil des Arbeitens oder des Umgangs mit Untergebenen ändern, um sich gegenüber der nachrückenden Generation zu behaupten.

Diese Menschen besitzen bereits eine bestimmte Persönlichkeit oder Persönlichkeitsverpackung, die es ihnen ja schon erleichtert hat, überhaupt in ihrer Karriere so weit zu kommen. Andere hätten womöglich längst das Handtuch geworfen und gesagt, sie würden sich auf all diese Anforderungen nicht einlassen, weil es ihnen schlichtweg zu tough wäre. Jemand, der die Vorstellung von einer gewissen Work-Life-Balance hat, der gerne weiter etwas mit seinen Freunden unternehmen und nicht nur arbeiten möchte, der steigt schon früher aus der Tretmühle des unbedingten Karriere-Machens aus. Diejenigen, die aber weitermachen, ziehen ihre Balance eher aus Faktoren wie Image oder Reichtum, aus dem Ferrari oder dem eigenen Boot.

Wie sollen nun Unternehmen mit der aktuellen Situation umgehen? Wie sollen sich Geschäftsführer, Vorstände oder Aufsichtsräte verhalten beziehungsweise agieren, wenn sie für eine Position verschiedene Manager-Typen zur Auswahl haben? Ich habe beobachtet, dass speziell in Zeiten einer Restrukturierung, wenn es also einem Unternehmen gerade eher schlecht geht, meist die Hardliner eher ans Ruder gelangen. Und wie erkennt man nun, ob es sich bei einer solchen

Person um einen Psychopathen handelt? Das herauszufinden gestaltet sich oft alles andere als leicht, da gerade diese Menschen sich zu verkaufen wissen. Sie erscheinen häufig brillant und verführerisch. Stellen wir uns also einen Narzissten vor, den ein durchschnittlicher Mensch schnell als sogenannte toxische Persönlichkeit erkennen soll: Ein solcher Mensch aber zeichnet sich dadurch aus, dass er etwa in einem Bewerbungsgespräch die Wünsche des Gegenübers geradezu lesen kann. Da heißt es dann häufig nach einem Bewerbungsgespräch, man habe hier einen Glücksfall, man habe mit dem Bewerber ein fantastisches Gespräch führen können. Das sei ein wirklich großartiger Bewerber, eine tolle Persönlichkeit, die genau das mitbringe, was das angeschlagene Unternehmen in der aktuellen Situation benötige. Diese Faszination bei seinem Gegenüber auslösen zu können, zählt zu den Fähigkeiten eines Psychopathen oder Narzissten – und das macht die Sache problematisch. Diese schaffen es zunächst einmal, die Bedenken aus dem Weg zu räumen, und vermitteln dem Gegenüber die Überzeugung, man habe nach womöglich langer und aufreibender Suche nun endlich doch noch genau die richtige Person gefunden.

Solche Personen zu erkennen und sich rechtzeitig von ihnen zu distanzieren, ist sehr wichtig – aber auch sehr schwer. Aber es geht. Wir kommen etwas später noch darauf zurück.

7

NARZISSMUS – SAG MIR, WIE GROSSARTIG ICH BIN

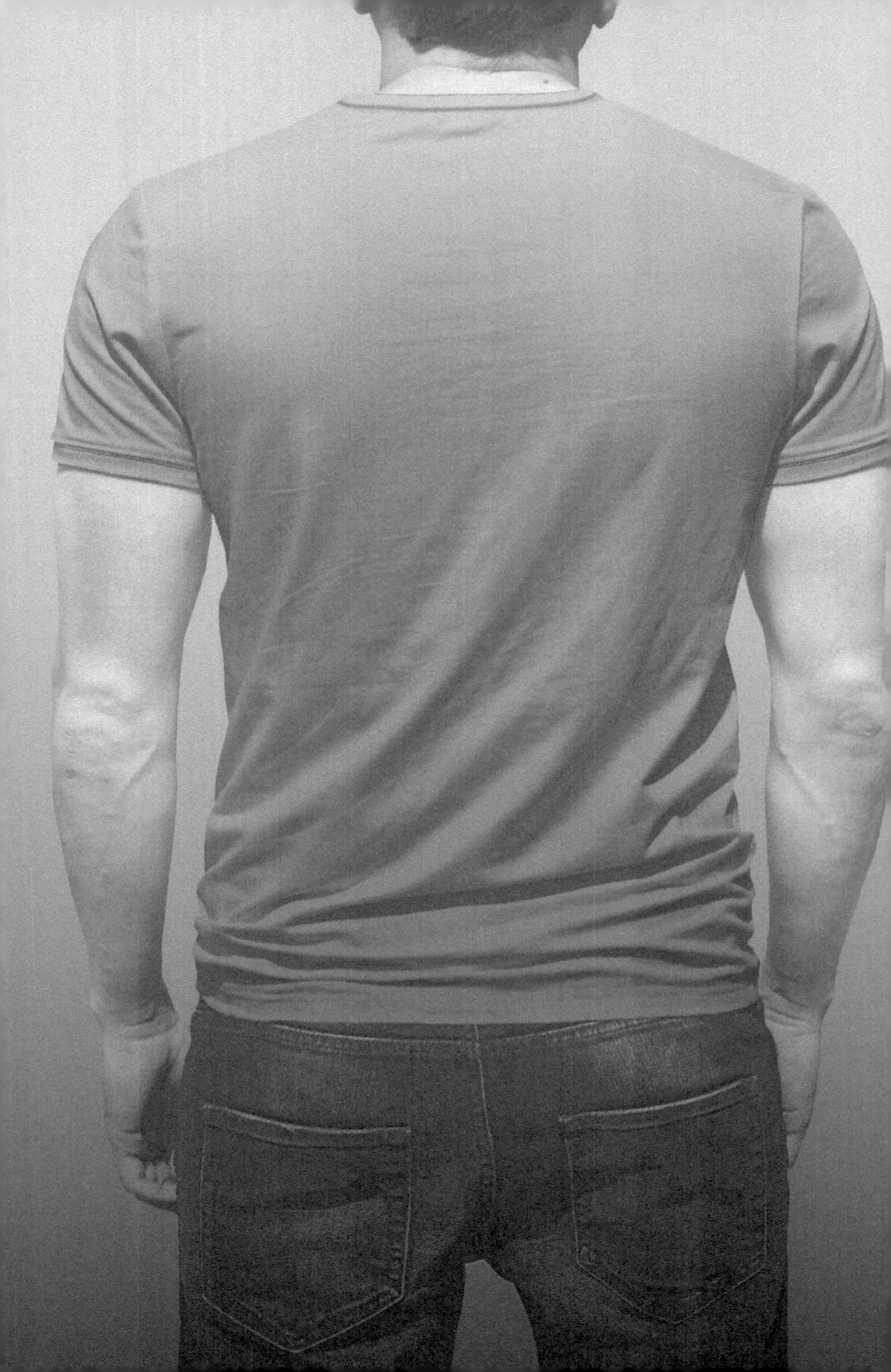

Der Begriff Narzisst war lange Zeit von dem Bild des Narziss aus der griechischen Mythologie beherrscht. Vor allem von der Szene, in der eben jener Narziss sich selbst in der Spiegelung des Wassers einer Quelle erkannte und sich in sein eigenes Abbild verliebte. Narzissmus also als Synonym für Selbstverliebtheit. Heute jedoch behandelt man das Phänomen differenzierter. Denn der Narzisst zeichnet sich nicht ausschließlich durch Selbstverliebtheit aus. Der Narzisst aus heutiger Sicht ist vielmehr ein Mensch, der darauf angewiesen ist, dass seine Identität angereichert wird. Deshalb befindet er sich ständig auf der Suche nach immer neuer Bestätigung.

Auf jeden Fall aber ist Narzissmus eine Persönlichkeitsstörung. Geht es um seelische Gewalt im Beruf oder in einer persönlichen Beziehung, bezeichnet man Narzissmus auch als regelrechte Deformation. Am besten lässt der Narzisst wohl so beschreiben, dass er eine übertriebene Sorge um das eigene Image und dessen Pflege hat. Narzisstische Menschen sind überdurchschnittlich daran interessiert, zu wissen, wie sie anderen erscheinen. Was sie selber fühlen, erscheint ihnen dagegen wesentlich unwichtiger und uninteressanter. Interessant ist dabei zudem, dass Narzissten gerne Gefühle leugnen, die ihrem beabsichtigten Bild widersprechen.

Differenzial-psychologisch empfinde ich den Narzissten deshalb anfangs nicht sehr scharf getrennt vom Psychopathen. Denn es gibt hier durchaus Ähnlichkeiten zwischen den Persönlichkeiten. Es wird etwa oft gesagt, Narzissten handelten ohne Gefühle – genau das also, was auch über Psychopathen gesagt wird. Bei den narzisstischen Personen, die ich selber kennengelernt habe, kann ich das jedoch nicht durchweg bestätigen. Geht es um eine Abgrenzung zwischen Psychopathen und Narzissten, würde ich es eher so ausdrücken: Der Psychopath hat die Fähigkeit, Gefühle anderer Menschen regelrecht zu lesen, und er will diese Fähigkeit nutzen, um Menschen zu manipulieren. Bei Narzissten dagegen ist es eher so, dass die Sorge um ihr eigenes Image und der Wunsch, bei anderen »gut anzukommen« dazu führt, dass sie zu einer Art verführerischen Verhaltens neigen.

Steve Jobs – Narzissmus in Reinkultur

Steve Jobs – wohl jeder, der diesen Namen liest, verbindet etwas damit. Häufig wird es die Erinnerung an einen Mann sein, von dem man sagt, er hätte die Welt verändert. Seine Ideen oder Erfindungen hätten unsere Zeit maßgeblich geprägt, er sei nicht weniger als eine Art Technologie-Messias. Viel ist vor und vor allem auch nach seinem Tod im Jahr 2011 über Jobs gesagt und geschrieben worden und das meiste ist immer wieder auf besagte Punkte hinausgelaufen. Was jedoch kaum thematisiert wurde, ist die Frage, was für ein Mensch dieser Steve Jobs wirklich war, wie er als Firmengründer und später Firmenlenker agierte. Tatsächlich nämlich war Jobs kein Erfinder, er war auch niemand, der technologische Innovationen durch Fach- und Sachkenntnis beschleunigte. Steve Jobs war vor allem jemand, der Ideen hatte, die er von anderen umsetzen ließ, er war außerdem ein brillanter Entertainer oder auch Verkäufer – und er war nicht zuletzt ein Narzisst.

Einen Eindruck von dem wahren Steve Jobs vermittelte der 9. Januar 2007. An jenem Tag stand der Apple-Mitgründer im Rahmen der Technik-Messe Macworld in San Francisco auf der Bühne. Und zwar alleine. Der Auftritt hatte vor allem einen Zweck: ein neues Mobiltelefon sollte der Öffentlichkeit vorgestellt werden – das erste iPhone, mit dem Apple tatsächlich einen Meilenstein und in gewissem Maße auch eine technologische Revolution geschaffen hatte. [24] Zwar sprach Jobs während der Präsentation immer wieder davon, Apple und damit das gesamte Unternehmen habe das revolutionäre Gerät entwickelt – doch außer ihm war eben kein einziger an der Entwicklung beteiligter Mitarbeiter auf der Bühne, auch wurde nicht von anderen Einzelpersonen gesprochen. Für die Zuhörer entstand so wie selbstverständlich der Eindruck, Steve Jobs allein habe diese Idee gehabt, und er habe diese dann persönlich umgesetzt. Was wohl auch der von ihm beabsichtigte Effekt war. Die Wahrheit hinter dieser aufsehenerregenden Präsentation kam erst viel später nach dem Tod Jobs' ans Licht: Zehn Jahre nach Erscheinen des ersten iPhone nämlich erzählte im Jahr 2017 das Buch *The One Device: The Secret History of the iPhone* die wahre Geschichte. [25] Nach dieser Geschichte soll gerade Steve Jobs nämlich alles andere als begeistert von der Idee gewesen sein, an einem Apple-Mobiltelefon zu arbeiten. Die Entwicklung des Projektes begann daher bei Apple im Geheimen und vor allem ohne das Wissen von Steve Jobs. Erst als die Entwickler meinten, ihre Arbeit sei so weit fortgeschritten, dass sie vor den Augen des Chefs bestehen konnte, zeigten sie ihm schließlich eine Demo-Version. [26] Doch als das Team Jobs davon zu überzeugen versuchte, der Bau des neuen Handys sei eine großartige Idee, war der immer noch weit von Begeisterung entfernt. Erst später habe der Apple-Vizepräsident Andy Grignon ihn im Rahmen eines einstündigen Telefonates davon überzeugen können. Steve Jobs stimmte also schließlich zu. An der eigentlichen Entwicklung aber war er nie wirklich beteiligt.

Doch dass Jobs' Ruf als genialer Innovator immer wieder auf dem Schmücken mit fremden Federn beruhte, ist nur ein kleiner Teilaspekt der Persönlichkeit des Apple-Gründers. Und vielleicht auch einer der weniger verstörenden. Menschen, die ihn wirklich erlebt haben, beschreiben ihn häufig nämlich vor allem als Tyrannen, Egomanen und immer wieder auch schlicht als ausgesprochenes Arschloch. Jobs war ein Mann, der mit seinen Mitarbeitern beziehungsweise Untergebenen erbarmungslos umging. Er galt als Schinder ohne jegliche Empathie im Umgang mit anderen. Jobs-Biograf Walter Isaacson beschrieb ihn in seinem Buch *Steve Jobs* im Jahr 2011 als äußerst jähzornig und als regelrechte Niete im Umgang mit anderen Menschen.[27] Der Apple-Boss war zudem berüchtigt dafür, Ideen selbst von engsten Mitarbeitern erbarmungslos niederzumachen – nur um genau diese Ideen Tage später als seine eigenen wieder ins Gespräch zu bringen. Leezy Sculley, die Frau von Jobs' Freund und ab 1983 Apple-CEO John Sculley, brachte ihren Eindruck von der Persönlichkeit des Steve Jobs auf den Punkt, indem sie zu ihm sagte: »Wenn ich Dir in die Augen blicke, sehe ich einen bodenlosen Abgrund, ein schwarzes Loch, Leere.«

Doch wenn es darum geht, den späten beziehungsweise erwachsenen Steve Jobs zu erkennen, ist sicher auch etwas Wissen über den frühen Jobs und dessen Kindheit ratsam. Denn bei Steve Jobs handelt sich eben um keinen Menschen mit einem schnurgeraden und von Beginn an vorgezeichneten Lebensweg. Vielmehr begann der Weg des späteren Apple-»Impresarios« im Grunde als unerwünschter Zufall. Alles fing damit an, dass der aus Syrien stammende Politikstudent Abdulfattah Jandali die junge Joanne Carole Schieble kennenlernte – eine Amerikanerin mit deutschen und schweizerischen Wurzeln. Sie verliebten sich ineinander und Schieble wurde schwanger. Doch die gerade einmal 23 Jahre alten Eltern konnten nicht für den Unterhalt eines Kindes sorgen, sodass Schieble den am 24. Februar 1955 in San Francisco geborenen Sohn zur Adoption freigab. Allerdings nur unter einer Bedingung: Das Kind sollte bei Akademikern aufwachsen. Genau dazu sollte es jedoch nicht kommen. Ein Anwalt lehnte die Adoption ab, da seine Frau und er sich eigentlich eine Tochter wünschten. Kurz nach der Geburt wurde der Junge daher von Paul Reinhold Jobs und dessen Frau Clara Jobs adoptiert, die ihm den Namen Steven Paul Jobs gaben. Anders als von der leiblichen Mutter gewünscht, handelte es sich bei den beiden nicht um Akademiker, Carol Schieble ließ sich jedoch das Versprechen geben, dass dem Kind später zumindest der Besuch eines Colleges ermöglicht werden würde.

Bald schon erkannten die Adoptiveltern, dass es sich bei Steve tatsächlich um ein intelligentes und begabtes Kind handelte. Schon zum Zeitpunkt seiner Einschulung konnte er lesen und er langweilte sich in den folgenden Jahren wie viele andere besonders begabte Kinder auch im Unterricht. Eine Lehrerin erkannte schließlich die Fähigkeiten des Jungen und ermöglichte es ihm, eine Klasse zu überspringen.

Doch Steve Jobs war nicht nur intelligent, er hatte auch schon früh seine eigenen Vorstellungen vom Leben und verfolgte diese recht rigoros. Nachdem er 1972 seinen Highschool-Abschluss gemacht hatte, schrieb er sich für ein Studium am College ein. Das allerdings erfüllte so gar nicht seine Erwartungen und er brach es nach nur einem Semester wieder ab – die Universität allerdings verließ er danach nicht völlig, vielmehr besuchte er weiter Vorlesungen und Seminare, wann es ihm in den Kram passte. 1974 dann arbeitete er einige Monate bei dem Videospielehersteller Atari, machte sich dann aber nach Indien auf, wo er sich in den Hinduismus und den Buddhismus vertiefte. Wirklich in sich aufgenommen aber schien er die Lehre etwa des Buddhismus nicht zu haben. Geht es dabei doch unter anderem um die sogenannten Drei Geistesgifte, zu denen auch die Gier zählt.

Denn als Jobs im Herbst 1974 von seiner Reise zurückkehrte, beschaffte er sich bald von Atari einen Auftrag für die Entwicklung eines Computerspiels mit dem Titel »Breakout«. Das jedoch entwickelte er nun nicht selber, vielmehr übernahm sein Freund Steve Wozniak die Arbeit und schloss sie nach nur vier Tagen erfolgreich ab. Steve Jobs dankte ihm dafür auf seine ganz eigene Art und Weise: Jobs erklärte Wozniak, er habe für das Spiel ein Honorar von 700 Dollar erhalten, und zahlte seinem Freund für die Entwicklung mit 350 Dollar die vermeintliche Hälfte des Honorars aus. Was Wozniak jedoch nicht wusste: Tatsächlich hatte Jobs für den Auftrag 5000 Dollar erhalten, von denen er nun 4650 Dollar in die eigene Tasche steckte.[28] Hier zeigte schon sehr früh, welchen Stellenwert für Steve Jobs Freunde und Mitmenschen im Allgemeinen hatten.

Genau das sollte sich auch in jener Zeit zeigen, in der Jobs und Wozniak schließlich die Firma Apple gründeten, also ab dem Jahr 1976. Zur Legende des Steve Jobs zählt heute nicht zuletzt die Überzeugung, dieser hätte die ersten Apple-Computer gemeinsam mit Wozniak entwickelt, er sei im Grunde sogar die treibende Kraft gewesen. Jobs selber hat diese Meinung niemals wirklich infrage gestellt oder gar korrigiert. Nach seinem Tod jedoch meldete sich der eher zurückhaltende Wozniak dann doch einmal zu Wort und korrigierte so manche Überzeugung. So erklärte er, ihn würde die Mythenbildung inzwischen wirklich stören, die immer wieder besage, Jobs sei die treibende Kraft hinter allem gewesen. Vieles von dem, was gesagt und geglaubt würde, sei schlichtweg falsch. Etwa die Aussage, er und Jobs hätten gemeinsam die ersten Apple-Computer entwickelt und gebaut. Vielmehr habe Wozniak sie allein konzipiert und er sei dabei nicht von seinem Kompagnon gesteuert worden.[29]

Wie es zu dieser Mythenbildung gekommen ist? Ganz einfach: Weil vor allem Steve Jobs sie immer wieder befeuerte. Denn bald schon stand er dabei allein im Rampenlicht. Wozniak kehrte 1982 an die Universität zurück, um seinen Abschluss nachzuholen, von Apple zog er sich im Jahr 1985 weitestgehend zurück. Und anders als sein Freund scheute Wozniak das Rampenlicht, ihm war Prominenz eher unangenehm.

Der Narzisst Steve Jobs dagegen sonnte sich in seinem Ruhm und der ihm nachgesagten Genialität, deren Ursprung jedoch meist in den Fähigkeiten anderer lag. Doch Jobs' weiterer Weg sollte nicht frei von Brüchen und Abstürzen bleiben. Grundsätzlich haben Narzissten ihre Stärke in der Selbstdarstellung, ihrem Selbstbewusstsein und ihrem geringen Maß an Selbstzweifeln. Ergänzt wird dies oft durch Begeisterungsfähigkeit, Wortgewandtheit und die Fähigkeit, andere zu blenden, sie zu beeindrucken, zu verführen und auch zu vereinnahmen. Solche Menschen können dabei durchaus unterhaltsam, charmant und witzig sein, jedenfalls dann, wenn es ihrem Fortkommen nützlich ist. Ihre wahren und nicht selten eher durchschnittlichen Fähigkeiten sowie vor allem ihre zwischenmenschlichen Defizite können sie mitunter lange Zeit kaschieren. In ihrer Überzeugung, allein den richtigen Durchblick zu besitzen, treffen sie über die Köpfe anderer hinweg jedoch immer wieder falsche Entscheidungen. Das wiederum hat letztlich fatale Folgen für die Menschen, die für sie arbeiten, und für das Unternehmen, das sie letztlich nur als Bühne für die eigene großartige Selbstinszenierung nutzen.

Bei Steve Jobs kam dazu noch ein ausgeprägter Hang zum Perfektionismus. Er wollte alles immer exakt so haben, wie er es sich vorstellte. Für ihn war das Beste gerade gut genug und er erwartete höchsten Einsatz von seinen Mitarbeitern. Dieser Perfektionismus hat sich auf der einen Seite in Apple-Produkten immer wieder bemerkbar gemacht und er war ein Teil ihrer Erfolgsgeschichte. Er sollte aber auch der Auslöser für einen der großen Rückschläge im Leben des Steve Jobs sein. Im Jahr 1985 nämlich wurde Jobs aus seiner eigenen Firma geworfen: Sein Perfektionismus, und damit der Wille, seine Visionen genauso umzusetzen, wie er sie sich vorstellte, ließ sich nämlich nicht mehr mit den Anforderungen der Realität vereinbaren.[30] Ein wahrer Narzisst aber lässt sich auch von derartigen Situationen nicht beirren. Er wird aus angerichtetem Schaden nicht klug, vielmehr gibt er im Glauben an die eigene Unfehlbarkeit anderen Personen oder den Umständen die Schuld am eigenen Scheitern. Für Jobs begannen nach dem Rauswurf daher nun fünf Jahre, die er später als eine seiner kreativsten Phasen bezeichnete. Was auf der anderen Seite bedeutet: Er machte genau so weiter wie bisher. Bereits 1986 gründete er mit der Firma NeXT Computer ein weiteres Computerunternehmen – und fand sich bald in einer gerichtlichen Auseinandersetzung mit Apple wieder. Dort nämlich befürchtete man, dass in den NeXT-Rechnern Apple-Technik verwendet würde. Das Verfahren endete am 17. Januar 1986 mit einem Vergleich: Jobs verpflichtete sich, Apple eine Zeitlang Einblicke in NeXT-Entwicklungen zu gestatten, indem er der Firma Prototypen zeigte. Außerdem sagte er zu, bis Juli 1987 keine eigenen Computer auf den Markt zu bringen.

Parallel zur NeXT-Gründung investierte Jobs 1986 mehrere Millionen Dollar, um das Computertrickfilm-Studio Pixar von dessen Gründer George Lucas aus der Lucasfilm-Grafikabteilung herauszukaufen. Mit dem Film »Toy Story« gelang dem Studio 1995 ein erster Erfolg und der Börsengang des Unternehmens war es dann auch, der Jobs zum Milliardär machte.

1997 schließlich kehrte Jobs zu Apple zurück und unter seiner Führung schwenkte das inzwischen deutlich kriselnde Unternehmen wieder auf die Erfolgsspur ein. Dies führt nun zu einer weiteren Legende im Leben des Steve Jobs. Der arbeitete nun nämlich über mehrere Jahre hinweg für ein Jahresgehalt von einem Dollar und wurde damit in das Guinness-Buch der Rekorde als schlechtbezahltester Geschäftsführer aufgenommen. Was Jobs erneut große Aufmerksamkeit und in gewissem Maße auch Hochachtung bescherte. Doch Steve Jobs war eben immer noch Steve Jobs und daher unterließ er es auch, die wahren Hintergründe zu erhellen. Denn gleichzeitig kaufte Apple seinem ach so unterbezahlten Geschäftsführer einen Jet des Modells Grumman Gulfstream V zum Gesamtpreis von 88 Millionen Dollar, damit der mit seiner Familie fliegen konnte, wann und wohin er auch immer wollte.

Steve Jobs war sicher ein außergewöhnlicher Mensch, und er war in manchen Facetten seiner Persönlichkeit auch immer wieder ein ausgesprochen unangenehmer Zeitgenosse. Letztlich aber war es diese Persönlichkeit in Kombination mit dem Wunsch, immer wieder im Mittelpunkt zu stehen, die tatsächlich den Erfolg von Apple mit ausmachte. Denn dass Jobs äußerst gerne im Mittelpunkt stand, führte auch dazu, dass er ständig auf der Suche nach neuen Erlebnissen und Kontakten zu anderen Menschen war. Diesen Menschen wiederum wusste er sich und seine Produkte äußerst gut zu präsentieren. Und diese Menschen erinnern sich heute noch viel lieber an den öffentlichen Steve Jobs als an den Menschen, der seine Mitarbeiter drangsalierte und sie schikanierte. Der Apple-Gründer starb am 5. Oktober 2011 im Alter von 56 Jahren an den Folgen seiner Krebserkrankung. Nach deren Diagnose im Jahr 2003 hatte sich Jobs übrigens einer herkömmlichen Behandlung verweigert und sich alternativen Behandlungen zugewandt, bevor er sich dann doch in die Hände von Schulmedizinern begab. Ein letztes Mal hatte er gedacht, er könne alles besser, und seine Einsicht, dass dem nicht so ist, kam zu spät.

Von 0 auf 150 Millionen und zurück: Wie ein Narzisst ein brillantes Startup kollabieren ließ

Vor wenigen Jahren wurde ich von den Gründern eines Startups aus dem Healthcare-Bereich um Rat gebeten. Das Unternehmen zielte darauf ab, die Entwicklung wichtiger Medikamente zu beschleunigen. Bei solchen Entwicklungen werden rund 10 000 chemische Verbindungen getestet, um schließlich eine davon herauszufiltern, die sich für ein Medikament eignet. Würde sich dieser Prozess beschleunigen lassen, dann ließen sich möglicherweise auch schneller wichtige neue Medikamente entwickeln – für die Krebstherapie oder auch für die Behandlung von Diabetes. Diese Idee, die von einer Gruppe von Chemikern und Biochemikern stammte, weckte bald das Interesse eines Investorenkonsortiums. So stand dem Startup recht bald ein Anfangskapital von etwa 50 Millionen Euro zur Verfügung. Mit diesem Geld konnte sehr zügig eine Basismannschaft aufgebaut werden, um die Pläne in die Tat umzusetzen.

Bis zu diesem Punkt also schien noch alles in bester Ordnung. Es stellte sich aber bald heraus, dass die Wissenschaftler in Sachen Controlling und Einkaufsverhandlungen vollkommen unerfahren waren, weshalb man schnell zur Überzeugung gelangte, dass man einen Fachmann benötige, der entsprechende Aufgaben übernehmen sollte. Allerdings schrieb man diese Position nicht öffentlich aus, die Suche erfolgte über das Investoren-Gremium. So erhielt man über eine erfolgreiche Deal-Makerin aus dem Hause der Kapitalgeber den Kontakt zu einem Betriebswirt, wobei man bei seiner Einstellung nicht berücksichtigte, dass selbiger zuvor eigentlich nur in einer kleineren Personalberatung die Finanzbuchhaltung übernommen hatte. Der Betriebswirt vermittelte sich nun schleunigst selbst zu dem Start-Up und bekam ein durchaus ordentliches Gehalt. Schließlich bat mich das Unternehmen eines Tages darum, mich um die Optimierung der Zusammenarbeit im Team zu kümmern. Das Unternehmen war so schnell gewachsen, dass solche wichtigen Gesichtspunkte zunächst vernachlässigt worden waren. Ich führte daher Interviews mit den Mitarbeitern, um die Arbeitsstrukturen und auch die Schnittstellenthematik zu besprechen. Zudem führte ich ergänzend Workshops durch. Letztlich ging es also darum herauszufinden, inwieweit es tatsächlich eine gute und konstruktive Zusammenarbeit gab, und in welchem Umfang Mitarbeiter einfach solo vor sich werkelten. Dabei lernte ich den CEO des Startups kennen, der sich am besten wohl als Pragmatiker beschreiben lässt. Der Mann merkte in diesem Zusammenhang mir gegenüber an, ich solle doch einfach einen Vorschlag für das weitere Vorgehen machen – denken und nachdenken sei schließlich Arbeit, er entscheide lieber. Eine Haltung, die an dem späteren Problem des Startups wohl nicht ganz unbeteiligt war.

Das schnelle Wachstum der Firma und das wenig organische Wachsen der Zusammenarbeit hatte zu diesem Zeitpunkt dazu geführt, dass der neue Controller und Einkäufer sich mit Rückendeckung seiner Bekannten an den Leadinvestor annähern und sogar Freundschaft mit ihm schließen konnte. Als ich schließlich mit dem »Neuen« sprechen konnte, erklärte der mir, dass in Bezug auf die Finanzen wirklich alles problemlos laufe, alles befände sich sozusagen im grünen Bereich. Solche Aussagen und die vorliegenden Bilanzen stellten auch die übrigen Investoren zufrieden, bald wurden daher weitere Geldsummen zu Verfügung gestellt. Schnell waren aus den ohnehin schon ansehnlichen 50 Millionen dann 150 Millionen Euro geworden. Der einstige Finanzbuchhalter war inzwischen Chief Financal Officer CFO des Startups und pflegte weiter die Freundschaft mit dem Leadinvestor. Gemeinsam urlaubte man etwa in den teuersten Ski-Gebieten. Niemand stellte sich zu diesem Zeitpunkt die Frage, wie sich dieser Mann diese äußerst luxuriösen Urlaube und auch andere Statussymbole überhaupt leisten konnte. In der Zeit, in der ich in dem Unternehmen tätig war, erlebte ich diese Person als äußerst freundlich, als sehr wortgewandt, aber auch als einen Menschen, der mich immer ein wenig an den einstigen Verteidigungsminister und überführten Plagiator Karl-Theodor zu Guttenberg oder den Betrüger Helg Sgarbi erinnerte, der einst die Milliardärin Susanne Klatten erpresste. Ich fragte damals den Leadinvestor eher im Scherz, ob das Gehalt eines CFO so hoch sei, dass man sich das alles dann leisten könne. Der winkte ab und sagte, der Kollege habe wohl geerbt.

Irgendwann dann kam man in dem Unternehmen an einen Punkt, an dem überraschend Geldsorgen aufkamen. Zuvor hatte man noch in ein umfangreiches Computernetzwerk, in beste Automationstechnologie, beste Analysegeräte und in teure Rechner investiert, um den Prozess der Medikamentenentwicklung weiter zu beschleunigen, Niederlassungen im Ausland waren eröffnet worden – doch nun schien der Geldfluss plötzlich zu versiegen. Das führte unweigerlich zu der Frage, wo das ganze Geld der Investoren eigentlich geblieben war und wieso die Investitionen in den IT-Bereich von derart utopischem Ausmaß waren.

Ein Anbieter, der nicht zum Zuge gekommen war, meldete in einer Info, der CFO hätte zu ihm gesagt, er bräuchte einen Rasenmäher. Der Vertriebsmann verstand dies zurecht als Bestechungsaufforderung. Als der vermeintlich Schuldige befragt wurde, meinte er nur, er hätte eben einfach nur gesagt, dass er einen Rasenmäher bräuchte. Sonst nichts.

Alle Recherchen wiesen also in Richtung des CFO. Es kamen Vermutungen auf, er habe sich versteckte Provisionen für den Einkauf neuer IT-Komponenten zahlen lassen. Das konnte zwar nie wirklich bewiesen werden, dennoch stellte man sich von da an die Frage, was der CFO und damit der kaufmännische Geschäftsführer eigentlich machen würden, während die Kosten vollkommen aus dem Ruder liefen. Nur wann immer man den CFO dazu befragen wollte, hielt der sich auf äußerst wichtigen Konferenzen auf. Er leistete sich zur Weiterbildung sogar noch ein ebenfalls nicht sehr günstiges Studium an der Elite-Universität Harvard. Am Ende stellte sich heraus, dass der CFO die finanzielle Steuerung absolut nicht im Griff hatte. Er hatte es vielmehr immer wieder geschafft, dass andere die komplette finanzielle Lage nicht überblicken konnten.

Es erhärtete sich bald der Eindruck, dass der Mann sich zwar gut präsentieren und eloquent auftreten konnte, er insgesamt jedoch eher ein »Bruder Leichtfuss« war. Es stellte sich heraus, dass die von ihm gerne vorgezeigten Bilanzen des Unternehmens nicht wirklich korrekt waren. Auch die Wirtschaftsprüfer, die selbiger an Bord geholt hatte, gingen ihren Aufgaben nicht wirklich in vollem Umfang nach, wollten vielmehr ihre sehr überhöhten Beraterhonorare absichern, die sehr wahrscheinlich auch Gelder für den Kick Back an den CFO enthielten.

Das Startup hatte die gesamten 150 Millionen ausgegeben.

Es blieb keine andere Möglichkeit, als das Unternehmen in Teilen zu verkaufen, die dann wiederum von anderen Pharmaunternehmen übernommen wurden. Was nicht abgestoßen werden konnte, wurde schließlich heruntergefahren.

Für mich formte sich bei der Beschäftigung mit dem Fall und vor allem der Person des CFO das typische Bild eines Narzissten. Da gab es die Bagatellisierung von Problemen, die Person konnte nicht im Geringsten einsehen, was sie angerichtet hatte – dass sie also in ihrer Steuerungsfunktion letztlich vollkommen versagte hatte.

Ich weiß zwar nicht, was nach dem Aus für das Startup aus diesem Mann geworden ist. Ich wage jedoch die Prognose, dass er nicht zu einer Veränderung seines Verhaltens bereit war, weil Narzissten wie er von sich beziehungsweise ihrem Tun sehr überzeugt sind. Für sie steht außer Frage, dass sie selbst immer alles richtig machen. Selbst wenn so ein Mensch letztlich für den Verlust von 150 Millionen und das Ende einer eigentlich brillanten Startup-Idee verantwortlich ist, sieht er darin mit Sicherheit keinen Grund zur Veränderung seines Verhaltens. Die Fehler haben ja die anderen gemacht – niemals er selbst. Die Beziehung zur Dealmakerin endete übrigens und die Freundschaft zum Leadinvestor besteht auch nicht mehr.

Charme als Schutzschild vor innerer Leere: Die Fähigkeiten des Narzissten

Der US-amerikanische Autor Robert Green hat zum Thema Narzissmus ein Buch veröffentlicht, das im Deutschen unter dem Titel *Die 24 Gesetze der Verführung* erschienen ist. Es handelt sich dabei um eine Sammlung von Beispielen, die zeigen, mit welchen perfiden Mitteln Narzissten vorgehen, um andere Personen strategisch zu verführen. Narzissten verfügen über sehr beeindruckende Fähigkeiten. Weil sie so empfindlich sind und weil ihr Ego so leicht angreifbar ist, sind sie sehr interessiert daran, dass andere sie bewundern. Es dreht sich also sehr viel darum, andere Menschen für sich zu gewinnen. Begegnet man einem ausgeprägten Narzissten, wird man zu Beginn der Bekanntschaft vermutlich den Eindruck bekommen, die Person sei ausgesprochen charmant. Erst im Laufe der Zeit wird deutlich, dass in dieser scheinbar so charmanten Person eine innere Leere herrscht. Eine Leere, die sie durch besagte Bewunderung auszufüllen versucht, um sich dadurch wieder wohlzufühlen. Letztlich sind Narzissten wie ein Fass ohne Boden – man kann ihnen nie genug Bewunderung oder Zuwendung entgegenbringen, sie verlangen immer nach mehr. Narzissten sind Egomanen, die sich vornehmlich bis ausschließlich um ihre eigenen Interessen kümmern. Das bringt es mit sich, dass diesen Menschen so etwas wie Gelassenheit bei Kritik völlig abgeht. Der Wunsch nach andauernder Bestätigung macht sie extrem empfindlich und sie sind sehr leicht gekränkt.

Vor vielen Jahren war in diesem Zusammenhang in der psychoanalytischen Schule ein Buch en vogue. Dieses Buch der Autorin Alice Miller trug den Titel *Das Drama des begabten Kindes und die Suche nach dem wahren Selbst.* Darin wurde unter anderem darüber berichtet, dass Narzissten sehr gute Psychotherapeuten abgäben, da sie eben ausgesprochen sensibel und in ihrer Sensorik sehr fein ausgeprägt sind. Heute weiß man aber, dass eine Person mit ausgeprägten narzisstischen Tendenzen gar kein großes Interesse an ihren

Mitmenschen hat. Denn dem Narzissten dient der Mitmensch nur als Mittel zur Selbstbestätigung.

Innerhalb von Organisationen spricht ein Narzisst häufig über seinen Wunsch und sein Bedürfnis, eine Leitungsposition zu übernehmen, Macht auszuüben. Er hat meist auch den Wunsch nach dem schnellen Erfolg. Er betont dabei ständig, wie großartig er selbst sei, was bei anderen Menschen den Eindruck von Arroganz erweckt, eines Menschen, der andere von oben herab behandelt. Das fällt im beruflichen Umfeld immer wieder auf: Ein Narzisst liebt die Konkurrenz und er zieht daraus eine sehr starke Motivation, sein Ziel zu erreichen. Das trifft zu, solange diese Person im mittleren Management ist – denn an diesem Punkt ist ein Narzisst nach aktuellen Erkenntnisse am höchsten motiviert. Steigt er aber weiter auf und bekleidet etwa die Funktion eines Geschäftsführers, dann nimmt diese Motivation wieder ab. An diesem Punkt seiner Karriere hat er einen großen Teil seiner Ziele bereits erreicht. Das unterscheidet eine narzisstische Persönlichkeit von einer Führungskraft mit einer starken, aber stabilen Persönlichkeitsstruktur. Solche Menschen nämlich bleiben selbst in einer Top-Position weiter energetisch und verfügen über eine entsprechend hohe und stabile Motivation.

Doch der wohl markanteste Wesenszug des Narzissten ist seine ausgeprägte Empfindlichkeit. In einem IT-Unternehmen, mit dem ich zusammengearbeitet habe, wurde mir einmal von den Eigenheiten des damaligen Chefs berichtet. Dieser Mann fuhr in seiner Freizeit Autorennen und es war ihm überaus wichtig, dass er bei bestimmten Fototerminen in seiner Rennfahrer-Montur abgelichtet wurde – weil es vermutlich seinem Ego schmeichelte. Es wurde außerdem von einer Vorstandssitzung berichtet, in der dieser Mann sich derart über einen eher nichtigen Vorfall beziehungsweise eine gefühlte Kränkung aufregte, dass er ein Silbertablett mit Schnittchen regelrecht von der Tischplatte fegte. Was jedoch nicht nur zu allgemeinem Entsetzen über sein Verhalten führte, vielmehr waren sich andere Vorstandsmitglieder nicht zu schade die weit verteilten Schnittchen wieder aufzuklauben.

Das ist meiner Meinung nach ein gutes Beispiel für die Kombination aus Überheblichkeit und extremer Empfindlichkeit eines Narzissten. Und das Beispiel zeigt auch, dass diese Eigenschaften sozusagen der Pferdefuß dieser Personen sind. Denn das nach außen vermittelte Bild »niemand ist so gut wie ich« macht eine Zusammenarbeit mit ihm ziemlich unangenehm. Das bezieht sich auch auf die Kommunikation, vor allem zwischen Vorgesetzten und Mitarbeitern. Der Narzisst ist niemals der gute Zuhörer, sondern er ist derjenige, der sendet und dem zugehört werden soll.

Einen Narzissten zu erleben, das ist am Anfang sicher eine interessante Erfahrung, bei einem längeren Kontakt oder einer längeren Zusammenarbeit aber überwiegt bald der Eindruck, diese Person raube den anderen vor allem die Energie. Unter anderem durch die verschiedenen Verhaltensweisen und Reaktionen, die auf ihrer übermäßigen Empfindlichkeit gegenüber Kränkungen basieren. So interpretieren Narzissten schon die kleinsten Gesten von Kollegen, wie etwa den Blick auf die Uhr oder das Zurechtrücken eines Stuhles, als ein Desinteresse, was wiederum zu einer äußerst verstimmten Reaktion ihrerseits führt – obwohl sie sich selber in einer umgekehrten Situation oft ähnlich verhalten. Eine andere unangenehme Seite der Zusammenarbeit besteht darin, dass der Narzisst gerne Erfolge für sich reklamiert, die er eigentlich anderen verdankt. Ohnehin betonen Narzissten immer wieder gerne ihre eigenen tatsächlichen oder vermeintlichen Leistungen – und zwar vor allem gegenüber der nächsthöheren Hierarchieebene. Außerdem sind Narzissten sehr gut darin, Kollegen Arbeit zuzuschieben.

Auch typisch: Narzissten sprechen lange, unangemessen und ausführlich über ihre privaten Probleme und Sorgen – ohne sich im Geringsten um die Zeit des Gegenübers zu scheren. All diese Aspekte können helfen, eine solche Persönlichkeit zu erkennen.

An dieser Stelle möchte ich zur Verdeutlichung noch über ein weiteres Beispiel berichten, das ich persönlich erlebt habe. In diesem Beispiel geht es um einen Mann aus dem Vertrieb eines internationalen Software-Unternehmens, der zuvor bereits in unterschiedlichen Telekommunikationsunternehmen tätig war. Von diesen Karriereschritten konnte er eine ganz ordentliche Historie vorweisen, etwa in Form von Zeugnissen. Nun aber hatte er eine neue Stelle in diesem großen IT-Konzern angetreten. Dort wurde er einem Team zugeteilt, das bis dahin äußerst gut funktionierte. Die Mitarbeiter galten als hoch motiviert, sie waren ganz weit vorne bei der Mitgestaltung aktueller Marketingstrategien für neu in den Markt eingeführte Technologien. Nun bezog besagter neuer Team-Leiter sein Büro und er machte vor allem in der Form auf sich aufmerksam, dass er vor seinem Computer regelrechte Wutausbrüche bekam. Er wütete etwa über die installierte »Scheiß-Software«, beschwerte sich über die »Drecks-Maus« und so weiter und so fort. Alles, womit er zu arbeiten habe, sei altmodisch – der Mann schimpfte letztlich die meiste Zeit vor sich hin. Wenn er auf einen Kollegen aus seinem Team traf, erzählte er außerdem eine immer gleiche Geschichte: Diese Geschichte handelte von seinen ausgesprochen guten und verzweigten Kontakten in der gesamten Mobilfunkbranche. Davon erzählte er immer und immer wieder. Anfangs hörten die Kollegen sich diese Erzählungen noch an, reagierten höflich auf die Berichte. Daneben funktionierte das eingespielte Team zunächst weiter, lieferte gute Ergebnisse ab. Das ist übrigens ein verbreitetes Phänomen: Einem auftretenden Problem wird wenig Bedeutung zugemessen, so lange die Ergebnisse noch stimmen – man lässt die Sache also erst einmal laufen, statt den Anfängen zu wehren.

In diesem Fall hat der neue Team-Leiter einfach nichts geleistet. Die übrigen Kollegen stützten ihn jedoch anfangs noch, um nicht das gesamte Team aus dem Gleichgewicht zu bringen. Doch nach einer Weile fiel es im Team doch auf, wie wenig der Kollege beitrug. Man bemerkte etwa, dass er niemals das Büro verließ, um etwa Termine mit Kunden wahrzunehmen. Die guten Kontakte, die er im Gespräch ständig erwähnt hatte, nutzte er in der Realität niemals.

Die Kollegen begannen nach einer Weile also auf den Neuen einzuwirken, baten ihn, doch einmal raus zu Kunden zu fahren. Der wiederum sprach wortreich davon, genau das ja machen zu wollen, doch das Ergebnis blieb unverändert – er tat es nicht. Bald schlug die anfängliche Verwunderung im Team in Verärgerung um. Der Neue jedoch ließ sich davon nicht beirren, er berichtete weiter in jeder passenden oder unpassenden Situation von seinen hervorragenden Kontakten und seinen bisherigen Leistungen, die seiner eigenen Meinung nach nicht weniger als großartig waren. Unverändert blieb weiter, dass er in der Realität kaum messbare Leistungen in das Team einbrachte.

So blieb die Situation dann eine ganze Weile. Nach etwa anderthalb Jahren jedoch zeigten sich erste Erschöpfungssymptome. Eine Mitarbeiterin etwa klagte über zunehmende und schmerzhafte Schulterprobleme, die sich so sehr verschlimmerten, dass sie sich krankschreiben lassen musste, weil sie die Beschwerden am Arbeitsplatz nicht mehr aushielt. Gleichzeitig schimpfte der inzwischen nicht mehr ganz so neue Kollege auf Teammitglieder: Er sei quasi von Idioten oder Pennern umgeben, die überhaupt nicht kapieren würden, worum es eigentlich gehe. Wieder hob er seine großartigen Kontakte hervor, mit denen er allen zeigen würde, wie es denn funktioniere. Daraufhin geschah etwas, was ich an diesem Fall besonders empörend empfand. Ein sehr integrer Mitarbeiter des Teams, der sicherlich kein Intrigant war, wagte nun einen ersten Vorstoß und kontaktierte die Personalabteilung. Dort versuchte er zu verdeutlichen, um was für eine problematische Persönlichkeit es sich bei dem Mann handele. Die Folge dieses Vorstoßes war jedoch eine unerwartete. Man ging nämlich nicht den vorgetragenen Problemen auf den Grund, stattdessen bekam vielmehr der mutige Mitarbeiter fast eine Abmahnung. Nach dem Motto: *In diesem Unternehmen schwärzt man keine Führungskraft an, sei froh, dass wir Dein Vorgehen nicht stärker sanktionieren.* Damit wurde sehr deutlich gemacht, dass der Fall nicht weiterverfolgt würde. In der Folge stieg der Druck innerhalb des Teams noch weiter an, weil jede Chance zunichte gemacht worden war, doch noch zu einer Änderung, zu einer Lösung des Problems zu gelangen. Das wiederum führte schließlich dazu, dass zwei wichtige Mitarbeiter das einst so motivierte und erfolgreiche Team verließen. Gleichzeitig gingen die Erfolge des Teams nach und nach weiter zurück, weil die verbliebenen Mitarbeiter längst nicht mehr so motiviert wie einst waren, sondern immer weniger Lust auf ihre Arbeit verspürten. Es verging weiter Zeit, in der man unter anderem das Team mehrfach reorganisierte, doch an die alten Erfolge konnte man nicht mehr anknüpfen.

Dann allerdings geschah das Unerwartete: Ein neuer Manager trat dem Unternehmen bei. Und dieser Manager erkannte nun tatsächlich, wo das eigentliche Problem des Teams lag beziehungsweise in welcher Person dieses Problem bestand. Dieser neue Manager hat sich tatsächlich nicht von den Versprechen des narzisstischen Team-Leiters einlullen lassen, ließ sich von dem Lügengebilde nicht in die Irre führen. Das führte binnen kürzester Zeit zu einem Aufhebungsvertrag für den problematischen Mitarbeiter. Er hat meines Wissens seitdem keinen neuen Job mehr bekommen.

Ich möchte mit diesem Beispiel Folgendes sagen: Die Führungskraft eines narzisstischen Managers sollte nicht auf dessen Versprechungen achten, sondern auf die Arbeitsergebnisse. Sollten Versprechen und reale Ergebnisse zu weit auseinanderklaffen, dann ist es wahrscheinlich die beste Lösung, sich von dieser Person zu trennen, also politisch korrekt ausgedrückt, sie bei einer Neuorientierung zu unterstützen.

Trifft man auf einen Narzissten, so gilt es darauf zu achten, worauf diese Person reagiert – vor allem, wodurch er sich gekränkt fühlt. Ratsam kann es auch sein, etwa in Fragebögen eine ganz simple Frage einzubauen: Sind Sie narzisstisch? Es mag für manchen überraschend klingen, aber die meisten Narzissten werden diese Frage wahrheitsgemäß mit einem Ja beantworten. Es gibt aber noch andere brauchbare Fragestellungen. Etwa, ob der Bewerber gern von anderen bewundert oder beachtet werden will, oder ob er nach Ansehen und Status strebt. Eine weitere Frage wäre, ob die Person dazu neigt, von anderen Gefälligkeiten zu erwarten. All das sind typische Fragen, die sich auch in eine Interviewsituation einfügen lassen. All diese Fragen würden entsprechende Personen meist zustimmend beantworten, sodass sich frühzeitig erkennen lässt, ob es sich tatsächlich um einen Narzissten oder einen narzisstisch geprägten Menschen handelt. Das gilt allerdings nicht immer: Ein kluger Narzisst, der diese Zeilen gelesen hätte, würde sich natürlich künftig genau auf diese Situationen einstellen. Denn der Narzisst ist durchaus lernfähig.

Gelangt eine narzisstische Person aber doch in ein Unternehmen, dann ist es ratsam, kritische Vorfälle festzuhalten und sie zu sammeln. Denn so wird deutlich, was tatsächlich geschieht. Und Narzissten hassen nichts mehr als eine umfangreiche Dokumentation der von ihnen verursachten Vorfälle oder kritischen Situationen. Für Kollegen ist es wichtig, das eigene Territorium vor Zugriffen des narzisstischen Kollegen zu schützen.

Nach meiner Beobachtung ist es so, dass Narzissten innerhalb der Dunklen Triade aus Psychopathie, Machiavellismus und Narzissmus immer noch die »hellste« Ausprägung darstellen. Denn abgesehen von allem zuvor Erwähnten haben etwa narzisstische Führungskräfte häufig auch etwas Charismatisches, sie können regelrecht strahlen. Genau das ist ihr großes Plus. Mit einer gehörigen Portion Narzissmus kann ein Mensch für neue Technologien, neue Produkte sehr gut nach außen wirken und auf diese Weise Menschen begeistern. Genau das meine ich, wenn ich von der »hellen Seite« des Narzissten spreche.

Auf lange Sicht allerdings wird es in der Zusammenarbeit doch immer so sein, dass die narzisstische Persönlichkeit das Rampenlicht für sich einfordert.

Der von mir sehr geschätzte französische Psychiater und Schriftsteller Francois Lelord sagt in diesem Zusammenhang zum Beispiel sinngemäß: Zeige ihm, wenn er aufrichtig ist, deine Anerkennung. Erkläre ihm die Reaktion der anderen. Kritisiere ihn nur, wenn es unvermeidlich ist, und mache es dann sehr präzise. Schweige über deine eigenen Erfolge, falle nicht auf seine Manipulationsversuche herein und erwarte nicht, dass er sich für einen Gefallen revanchiert.

Kritisch betrachtet heißt das zusammengefasst: Es ist nicht leicht, mit einem Narzissten zusammenzuarbeiten. Weil diese Person eben das Rampenlicht auf sich ziehen will und wird, aus der gefühlten Notwendigkeit heraus, das eigene Image absichern zu müssen.

Interessanterweise ist es übrigens so, dass gerade Narzissten immer wieder unternehmerische, politische, militärische oder auch religiöse Führungspositionen bekleiden. Was häufig daran liegt, dass sie eben mit ihrem Charisma andere Menschen sehr gut begeistern können. Und auch wenn sie zeitweise irrational handeln mögen, besitzen sie häufig zudem die Fähigkeit, großartige Visionen zu entwerfen. Sie sind zwar auf der einen Seite sehr schwer zu ertragen, machen das dann aber immer wieder wett durch die Begeisterung, die sie in Zuhörern oder eben Mitarbeitern auslösen. Nur kommen diese Mitarbeiter immer zu kurz. Bei einem Narzissten kommen alle anderen immer zu kurz. Und genau das ist am Ende das große Problem mit ihnen.

Lars Windhorst – des Kanzlers Wunderknabe

Ein Stehaufmännchen, getrieben vom Erfolg und sicher auch von dem Willen, in den Medien gut dazustehen – das ist, kurz zusammengefasst, Lars Windhorst.

Der Name Windhorst macht heute vergleichsweise selten Schlagzeilen. Das war in den Neunzigerjahren allerdings noch vollkommen anders, galt der damals sehr junge Unternehmer doch als ein Phänomen der Helmut-Kohl-Ära.[31] Der mittlerweile verstorbene Ex-Kanzler feierte Lars Windhorst als regelrechtes Wunderkind, nahm ihn sogar mit zu Staatsbesuchen. Und tatsächlich hat die Karriere des 1976 in Ostwestfalen geborenen Unternehmers Eigenschaften, die immer wieder ein wenig an Wunder erinnern. Er stieg schnell unglaublich hoch auf, stürzte tief ab, und kam wieder zurück, bevor er erneut scheiterte. Es handelt sich bei ihm sicher um eine Persönlichkeit mit einer narzisstischen Komponente, jemanden, der gut mit anderen konkurrieren kann. Er ist außerdem jemand, der recht viel aushalten kann – etwa die verschiedenen Rückschläge, nach denen er bisher immer wieder zurückkehrte. Was wieder in gewissem Maße auch für eine psychopathische Komponente der Persönlichkeit spricht: Denn bis so jemand überhaupt einmal angestrengt wirkt, wären eher normale Menschen längst am Ende ihrer Leistungsfähigkeit angelangt. Solche Menschen verfügen über eine Fähigkeit der Abschottung von emotionalem Stress, sodass sie davon deutlich weniger angegriffen werden. Daher können sie selbst in harten und umkämpften Bereichen eher bestehen. Sie können einfach mit Auseinandersetzungen stressfreier umgehen.

Überliefert ist, dass Lars Windhorst bereits im Alter von acht Jahren Unternehmer werden wollte. Mit 15 schrieb er Software und baute seine eigenen Computer zusammen, bald darauf baute er die Familiengarage zu einem Computer-Labor um. Dann mobilisierte er seine Klassenkameraden, ihm bei der Montage seiner PCs zu helfen. Die Geräte verkaufte er später im Schreibwarenladen seines Vaters und fand in China Zulieferer für kostengünstige Einzelkomponenten.

Im Jahr 1993 gründete Lars Windhorst sein erstes eigenes Unternehmen. Zu dieser Zeit war er noch Schüler und er war noch minderjährig. Aus diesem Grund halfen seine Eltern bei der Unterzeichnung von Verträgen oder sie fuhren ihn auch täglich zur Arbeit. Schnell feierte der junge Mann erste Erfolge und wurde als einer der erfolgreichsten Jungunternehmer Deutschlands bekannt. Dies führte dazu, dass er als jüngster Vertreter des Wirtschaftsnachwuchses den damaligen Bundeskanzler Kohl im Rahmen von Wirtschaftsdelegationen auf Asien-Reisen begleiten durfte. Aus diesen Reisen wiederum entwickelten sich weltweite Geschäftskontakte. Bald schon galt Windhorst als Vorzeige-Jungunternehmer und nahm als jüngster Teilnehmer am Weltwirtschaftsforum im schweizerischen Davos teil. Die Oktober 1993 gegründete Windhorst Electronics GmbH betrieb der Minderjährige mit dem chinesischen Geschäftsmann Ming Rong Zhang. Gemeinsam importierte und handelte man mit Elektronik- und Computerteilen aus Asien und vertrieb IT-Produkte in Deutschland und Europa. Ein Jahr nach Gründung soll das Unternehmen bereits rund 80 Mitarbeiter beschäftigt und einen Umsatz von 80 Millionen D-Mark gemacht haben. Gerade volljährig geworden, zog Windhorst 1995 nach Hongkong und gründete die Windhorst Asia Pacific Holding Limited, eine Holdinggesellschaft für die Geschäftstätigkeit der Unternehmensgruppe im asiatischen Raum. Ihr Geschäft als Handels- und Investmentkonzern in der Elektronikbranche, Industrie, Handel, Immobilien und Finanzwesen wurde über Betriebe und Niederlassungen in Europa und Asien abgewickelt. Im Jahr 2000 konzentrierte sich Windhorst auf Investitionen im Bereich Internet sowie neue Technologien und gründete die Windhorst New Technologies AG.

Bis zu diesem Punkt also ein Aufstieg, der eines Wunderkindes durchaus würdig war. Dann aber wurde dieser Aufstieg unversehens zu einem Absturz. Im Jahr 2000 nämlich gab es in der Wirtschaftswelt kaum ein anderes Thema als das Platzen der sogenannten Dotcom-Blase. Der Begriff war ein Kunstwort, das eine im März 2000 geplatzte Spekulationsblase beschrieb, die vor allem die sogenannten Dotcom-Unternehmen der New Economy betraf. Als Auslöser des Booms galten die hohen Gewinnerwartungen sowie die Spekulation auf steigende Aktienkurse. Ab Mitte 1999 vervielfachten sich die Börsenbewertungen diverser Unternehmen binnen weniger Monate durch eine deutlich erhöhte Nachfrage von

Neuanlegern. Allerdings zeichnete sich dann ab, dass die Unternehmen die Erwartungen in absehbarer Zeit wohl nicht erfüllen würden. Die Zweifel wurden dann noch lauter, als die ersten der zuvor gefeierten Hoffnungsträger Insolvenz anmelden mussten. Im März 2000 schließlich begannen die Kurse zu sinken, es wurden außerdem vermehrt Aktien abgestoßen. Der Markt brach daraufhin vollends zusammen.

Das bekam auch Windhorst zu spüren, seine Unternehmen gerieten ebenfalls in Schwierigkeiten. Die Windhorst AG verlegte sich auf Finanzdienstleistungen, die Windhorst Electronics GmbH stellte ihre Tätigkeit sogar vollkommen ein. Was den Anfang des Endes dieser einmaligen Erfolgsgeschichte darstellte. Ende Mai 2003 legte Windhorst eine eidesstattliche Versicherung ab – also das, was früher Offenbarungseid genannt wurde. Im August 2004 schließlich meldete Windhorst für die Windhorst AG, die Windhorst Electronics GmbH und die Windhorst Capital Holding GmbH Insolvenz an. Später wurde Windhorst zudem wegen Veruntreuung im Zusammenhang mit der Insolvenz zu einer Geldstrafe in Höhe von 108 000 Euro und einer einjährigen Bewährungsstrafe verurteilt.

Der Höhenflug hatte ein Ende gefunden, das einstige Wunderkind war am Boden. Doch dort blieb es nicht. Noch im Jahr 2004 wurde Lars Windhorst Mitbegründer der Investmentgruppe Sapinda. Dahinter verbirgt sich eine international tätige Investmentgesellschaft, die Unternehmen Kapital zur Verfügung stellt. Lars Windhorst selbst wurde Geschäftsführer der damaligen Sapinda-Tochtergesellschaft Vatas Holding GmbH. Vatas war an der Luftverkehrsgesellschaft Air Berlin beteiligt, hielt außerdem Anteile des Internetdienstanbieters Freenet. Doch erneut geriet der Unternehmer in Turbulenzen. Im Jahr 2017 meldeten die Medien, er sei nicht mehr Geschäftsführer der von ihm gegründeten Investment-Holding und habe am 18. August den Chefposten seiner inzwischen krisengeschüttelten Amsterdamer Holding räumen müssen.[32] Zudem würden in London fünf Gerichtsverfahren gegen Windhorst und Sapinda laufen. Unter anderem fordere die Finanzgesellschaft Romanello aus dem Steuerparadies Belize mehr als 60 Millionen Euro von Windhorst.

Wieder schien es, als sei Lars Windhorst gescheitert, als sei die Geschichte des einstigen Wunderkindes nun wirklich an ihrem Ende angekommen. Doch wieder stand Windhorst auf und machte zu Beginn des Jahres 2018 auch wieder Schlagzeilen – nun mit dem Thema Dessous. Der umtriebige Finanzinvestor Lars Windhorst wage sich ins Mode- und Dessousgeschäft, meldete etwa das Manager-Magazin.[33] Windhorsts Beteiligungsgesellschaft Sapinda Holding habe die Luxus-Modemarke La Perla übernommen. Eine entsprechende Vereinbarung zum Erwerb von 100 Prozent der Anteile an der Muttergesellschaft der La Perla Group sei unterzeichnet, habe ein Sprecher der Sapinda Holding mitgeteilt. Über den Kaufpreis seien keine Angaben gemacht worden, er solle aber nach Informationen aus Branchenkreisen über der Marke von 60 Millionen Euro liegen.

Hier stellt sich uns die Frage, ob eine Person wie Lars Windhorst aus Misserfolgen oder persönlichem Scheitern etwas für das weitere Handeln lernt. Mir persönlich erscheint es eher so, als wären Menschen wie er Wiederholungstäter, die immer wieder mit den gleichen Mitteln Erfolg suchen, ohne aus ihren Fehlern zu lernen. Bei Lars Windhorst ist daher zu erwarten, dass auch bei seinen jüngsten Engagements einmal mehr etwas in Schieflage gerät. Gehen Menschen dieser Art ihr geschäftliches Engagement strategisch an, oder haben sie einen eher narzisstischen Anspruch, daraus etwas wirklich Großes zu machen – was unweigerlich dazu führen kann, dass man sich bei seinen Investitionen übernimmt. Meine persönliche Prognose in Zusammenhang mit Windhorsts neuestem Engagement in der Dessous-Branche lautet: Wir werden vermutlich in einigen Jahren hören, dass Windhorst La Perla wieder abgestoßen hat oder die Firma abgeben musste. Sein unternehmerisches Motto scheint folgendermaßen zu lauten: Es ist egal, in welcher Branche man tätig wird, denn es geht in erster Linie darum, die eigene Tätigkeit öffentlich feiern zu lassen und Geld dabei zu verdienen.

8
SCARF
ODER WAS
UNSER GEHIRN
MÖCHTE

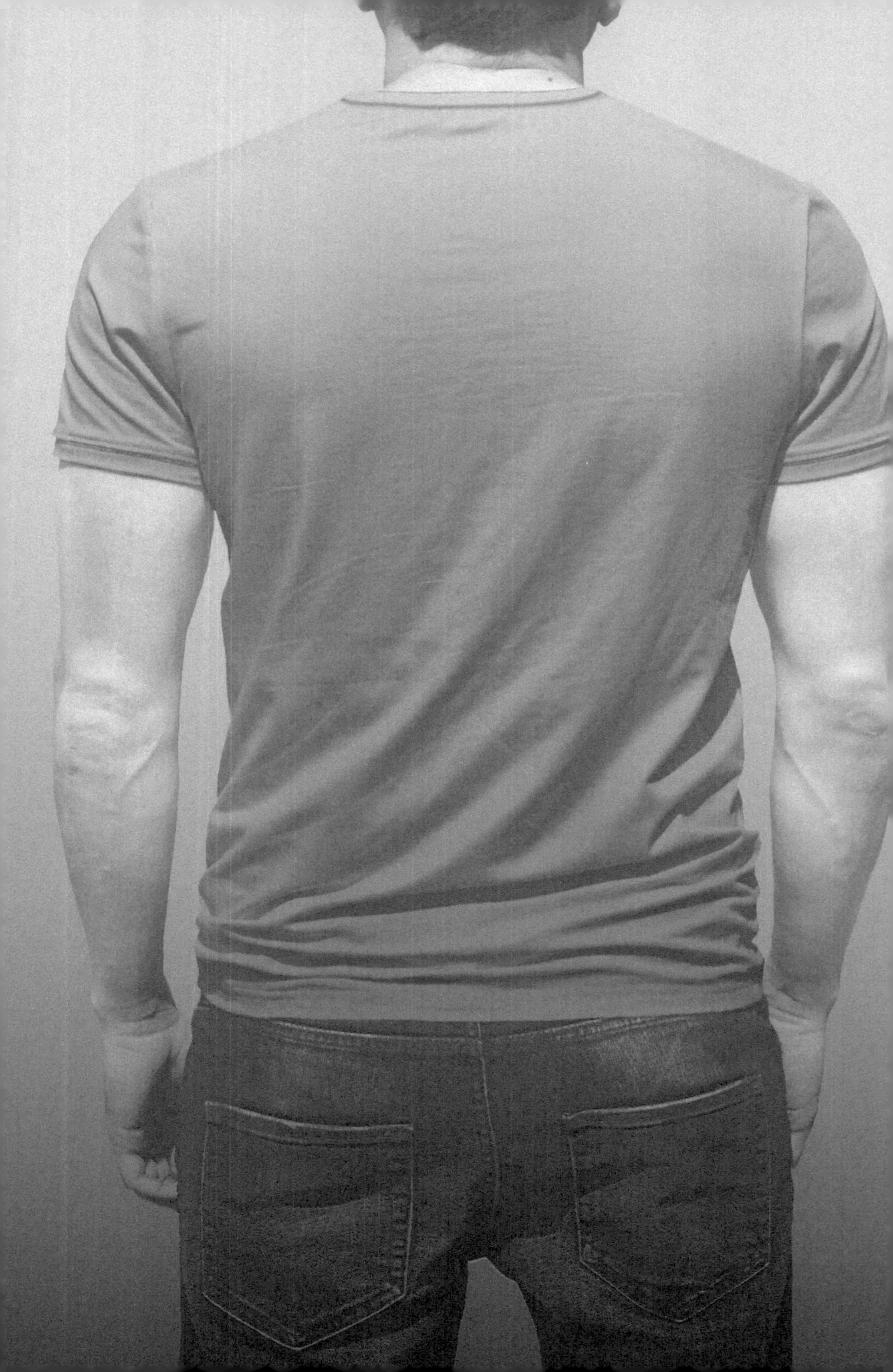

Wir stehen vor einer neuen gesellschaftspolitischen und medial instruierten Situation, in der beispielsweise die Schere zwischen ganz reich und ganz arm bekanntlich immer weiter auseinanderklafft. Angefangen hat all das interessanterweise bereits mit dem Europagedanken. Je mehr die Idee des geeinten Europa forciert wurde, umso mehr sind beobachtbar zunehmend nationalistische Tendenzen entstanden. Derzeit nun scheint es zudem eine Welle zu geben, die begünstigt, dass charismatische beziehungsweise unerschrockene machiavellistische Persönlichkeiten – eventuell sogar mit leicht psychopathischen Tendenzen – in der Lage sind, die Verlierer innerhalb der Gesellschaft anzusprechen und für sich zu gewinnen.

Ich glaube jedoch nicht, dass die Ursache für dieses Phänomen allein in der immer komplexer werdenden Welt liegt, wie oft argumentiert wird. Die Welt war nämlich schon immer komplex, sie war schon immer schwierig und auch schwierig in ihrer Gesamtheit zu verstehen. Was sich aber tatsächlich verändert hat, das ist die Steuerung der Meinungen. Und zwar nicht nur die Steuerung an sich, sondern auch die Steuerbarkeit.

Eine Person, die genau das sehr gut genutzt hat, war der langjährige italienische Ministerpräsident und Unternehmer Silvio Berlusconi. Der setzte für seine Zwecke die ihm gehörenden Fernsehsender ein und hatte auf diese Weise in seinem Land die Medienmacht zu weiten Teilen in der Hand.

Schon Marx hat zu seiner Zeit gesagt, dass die Verelendung der Massen, die Verelendung vor allem der Arbeiterschicht, ein Bewusstsein und den Willen erschafft, den Kapitalismus als Quelle dieses Elends abzuschaffen. Und ich glaube, dass Marx mit dieser Theorie am Ende doch recht behalten wird.

Nun befinden wir uns heute sicher nicht in einer ähnlichen Situation wie der, die zu Zeiten der Weimarer Republik den Siegeszug der Nationalsozialisten ermöglicht hat. Aber besagte Schere klafft schon recht bedrohlich auseinander. Schon heute könnten 25 Prozent der Deutschen nicht auf einen Schlag 1500 Euro aufbringen. Auf der anderen Seite verkleinert sich die Zahl der Reichen drastisch. Zwar gibt es davon immer noch jede Menge, aber es gibt eine kleine Zahl extrem Reicher und eine schwindende Zahl der einfach nur Reichen. Mir erscheint es so, dass die Bereitschaft, einem starken Führer zu folgen, mit dem eigenen Empfinden steigt, nichts mehr wirklich bewegen zu können.

Was mich zu dem Konzept des Neurowissenschaftlers Dr. David Rock führt, der bestimmte Prozesse in unserem Gehirn unter der Abkürzung SCARF zusammengefasst hat – SCARF steht für *Status*, *Certainty* (Sicherheit), *Autonomy* (Autonomie), *Relatedness* (Verbundenheit), *Fairness*. Wann immer ein Aspekt eine Verletzung erfährt, feuert sozusagen das Schmerzzentrum. Würde ich dagegen auf etwas »einzahlen«, dann würde Dopamin, Serotonin oder Oxytocin ausgeschüttet werden.

Nehme ich eine *Status*gefährdung wahr, erlebe ich dies als Verletzungshandlung. Genau das erhöht die Ausschüttung von Stresshormonen, und werden diese ausgeschüttet, dann wird der Menschen wiederum konfliktanfälliger.

Certainty – also das C in SCARF – wiederum beschreibt meine Fähigkeit, meine eigene Zukunft zu planen, sie vorauszusehen und dann auch in die Hand zu nehmen. Genau dieser Punkt ist in unserer Zeit aber immer wieder gefährdet. Weil etwa Unternehmen fusionieren und Arbeitsplätze wegfallen, weil immer wieder Firmen geschlossen werden. Genau diese Unsicherheit über die eigene Zukunft lässt das Schmerzzentrum feuern.

Beim Punkt A wie *Autonomie* geht es um die Frage, ob ich in meiner Autonomie eingeschränkt werde, ob ich machen muss, was mir eine andere Person sagt, oder welchen Freiraum ich habe.

Schließlich geht es auch insgesamt um die Beziehungen zu anderen Personen, dafür steht der Punkt R wie *Relatedness* und es geht darum, wie fair diese Beziehungen ablaufen – das ist dann der Punkt *Fairness*.

Im Zusammenhang mit Psychopathie, Narzissmus oder Machiavellismus sind immer wieder Verletzungshandlungen gegenüber dieser genannten SCARF-Bereiche zu beobachten. Und es geht dabei nicht zuletzt um die Frage, wie abhängig ich in einem solchen Umfeld bin und welche Möglichkeiten der Stabilisierung sich mir eventuell bieten.

Das SCARF-Modell bietet einem Unternehmen und Mitarbeitern ein sehr gutes Raster für den Umgang mit Personen, die psychopathische, narzisstische oder machiavellistische Züge aufweisen. Dabei orientiert sich das Modell an der Interaktion zwischen Personen. Gibt es etwa Aspekte, die den Status eines Kollegen, eines Mitarbeiters oder auch eines Geschäftsführers infrage stellen? Gibt es eine Destabilisierung durch die Aussagen einer Person beziehungsweise eines *Dark Leaders*, und wird dadurch die Sicherheit/Certainty eines Mitarbeiters angegriffen? Schränkt eine Person die Autonomie anderer ein? Verstößt jemand offen gegen die zwischenmenschliche Fairness?

Beispiele für Verstöße nach dem SCARF-Modell

Ich nenne einmal Aussagen zu allen fünf Unterpunkten des SCARF-Modells. Eine typische Status-Aussage etwa wäre die Frage, woher denn ein Mitarbeiter sein »phänomenales Fachwissen« beziehe, wo er denn studiert habe? Handelt es sich beim Gegenüber um einen ausgewiesenen Experten, dann stellen solche Anmerkungen letztlich eine Kompetenzkränkung dar.

Geht es um Certainty/Sicherheit, dann wäre etwa eine Anmerkung wie »ich weiß zwar nicht, wie wir ohne Sie auskommen sollen, aber wir probieren es« relevant. Eine ähnliche Wirkung zeigt etwa der Satz »wir wissen nicht, ob Sie eine Zukunft in dieser Organisation haben«. Diese und ähnliche Aussagen können Menschen in tiefe Verunsicherung stürzen.

Eine Autonomie-Einschränkung wäre es, wenn man von einem Mitarbeiter ab sofort Tagesreports verlangt – verbunden mit der Anmerkung, es erscheine absolut nicht einleuchtend, womit diese Person denn eigentlich ihren Tag verbringe. Nach dem Motto: Sie sind acht Stunden am Tag hier, nun zeigen Sie mir mal, was Sie tatsächlich von morgens bis abends tun.

Die Relatedness, also Verbundenheit von Mitarbeitern schließlich wird beeinträchtigt, wenn Mitglieder aus einem Team entfernt und in einen anderen Raum gesetzt werden, möglicherweise sogar in ein Zimmer ohne Fenster. Beispielsweise verbunden mit der Aussage, ein Mitarbeiter solle an dieser Stelle nun einmal klarkommen, zur Kommunikation stehe ja immer noch ein Telefon zur Verfügung.

Der finale Punkt des SCARF-Modells besteht in dem Faktor F wie Fairness. Das Gefühl einer fairen Behandlung etwa wird deutlich beschädigt, übergeht man bestimmte Mitarbeiter bei der Gehaltserhöhung. Ähnlich sieht es aus, wenn ein Kollege auffallend gute Arbeit abgeliefert hat, seine Leistung jedoch keinerlei Anerkennung für seine Mühen und Erfolge bekommt.

All das sind Faktoren, die am Selbstverständnis und der Selbstsicherheit eines Menschen kratzen. Und genau dieses Kratzen lässt sich bei einem *Dark Leader* immer feststellen. Weil Fairness oder Empathie für solche Menschen keine Rolle spielen. Denn bei ihnen sind die entsprechenden Bereiche des Gehirns und damit der Persönlichkeit nicht sehr stark entwickelt. Natürlich kann man solchen Menschen die Anweisung geben, sie müssten in ihrer Führungsposition die Wertschätzung anderer stärker berücksichtigen. Das kann eine solche Person dann kognitiv nachvollziehen und wird womöglich entsprechend handeln – aber jeder wird vermutlich merken, wenn ein Lob auf Anweisung hin ausgesprochen wird und nicht von Herzen kommt.

Das SCARF-Modell ist ein wirkungsvolles Diagnoseinstrument, mit dem sich nachvollziehen lässt, wie eine Führungsperson an eine Thematik herangeht und wie sie handelt.

Aus Sicht der Unternehmen gibt es Mittel an die Hand, wie sich Arbeitgeber vorbereiten oder gegebenenfalls auch wehren können. Es lässt sich in diesem Fall als eine Art »Anti-Dark-Leadership-Tool« anwenden.

Oft ist jedoch in Stellenbeschreibungen allerdings zu lesen, man suche gerade eine Persönlichkeit, die ausgewiesen emotionslos und hochrational an ihre Aufgabe herangeht und der oder die sich von Gefühlen anderer Personen nicht beeinträchtigen lässt. Sucht man hier etwa nach Personen, deren Frontallappen nicht zu einhundert Prozent funktionieren und deren Persönlichkeit beziehungsweise Sozialverhalten also in gewisser Weise aus dem Gleichgewicht geraten sind?

Dark Leaders in Aktion – Verletzungen nach dem SCARF-Modell

Beispiel Gastronomie – die Show stimmt, die Mannschaft leidet

Hierzu ein Beispiel: Der Geschäftsführer einer großen schwäbischen Gastronomiekette wird von anderen Menschen beim ersten

Kennenlernen als ausgesprochen nette Person eingestuft. Im Restaurantbereich gibt er sich überaus freundlich, er strahlt und ist charmant, die Gäste lieben ihn regelrecht. Doch es gibt an dem Mann auch noch eine vollkommen andere Seite: Sobald er aus der öffentlichen Zone etwa in die Küche zurückkehrt, fällt die Maske. Nun tut er nichts anderes mehr, als seine Mitarbeiter zu schikanieren. Die Leute werden bis zum Äußersten angetrieben, trotzdem reicht dem Geschäftsführer die Leistung nie aus. Es handelt sich um ein Konzept wie bei einer Theaterbühne: Nach außen wird die Seite gezeigt, die beim Publikum ankommt und es zu regelrechten Begeisterungsstürmen veranlasst – genau das ist etwas, das ein *Dark Leader* gemeinhin ausgesprochen gut beherrscht. Deutlich wird dieser Punkt immer wieder auch im Kontakt mit Medien. Vor den Kameras agieren solche Personen äußerst eloquent und geben sich quasi als besten Chef, den man sich überhaupt wünschen kann. Doch dann gibt es noch jenen düsteren Bereich hinter der Bühne, der sich dann bemerkbar macht, wenn der Vorhang fällt.

Beispiel Telekommunikation – die Außenwirkung zählt

Ein weiteres Beispiel dafür ist der ehemalige Chef eines sehr großen Telekommunikationsunternehmens. Dieser ehemalige Chef, ein gebürtiger Schweizer, war bekannt dafür, dass er während der Arbeitszeit immer alleine in seinem Büro die Mahlzeiten zu sich nahm, auch im Aufzug fuhr er immer alleine. Die Medien jedoch feierten ihn als regelrechten Star. Er galt als strahlender Stern am Management-Himmel, der den Konzern zu neuen Erfolgen führen würde. Tatsächlich lieferte er keine wirklich großen und messbaren Erfolge. Aber solche Persönlichkeiten können eine großartige Außenwirkung erzielen und dabei ihre tatsächlichen, eventuell eher mittelmäßigen Leistungen völlig ausklammern. Diese Fähigkeit ist nicht zu unterschätzen. Denn die Macht, in anderen Begeisterung auslösen zu können, ist für Leader eine ganz wesentliche Fähigkeit. Das Gleiche gilt für den Mut, in unsicheren Momenten Entscheidungen zu treffen.

Um das zu verdeutlichen, ein Beispiel von einem entscheidungsschwachen, wenn auch nicht psychopathischen Manager: Ein mittelständisches Technologieunternehmen wird seit 25 Jahren von einem promovierten Techniker geleitet. Dieser Mann versucht nun die Informationshoheit über alles zu bewahren. Er behält Informationen für sich, um seine Führungsrolle zu behalten. Dabei vernachlässigt er jedoch wichtige und schwierige Entscheidungen, da sein Fokus allein auf seinen Machterhalt und das Sammeln von Wissen ausgelegt ist. Die unter ihm arbeitenden Bereichsleiter schließen sich nun zusammen, vor allem, um genau das auszugleichen. Letztlich mag sich der erfahrene Techniker durchaus durch Fachkenntnis auszeichnen, ihm fehlen womöglich auch die negativen Eigenschaften eines *Dark Leaders*. Gleichzeitig geht ihm aber das ab, was diesen Personen immer wieder zum Erfolg verhilft: Er scheut vor Entscheidungen zurück und ihm fehlt womöglich das Quäntchen Charisma, um sein Handeln öffentlichkeitswirksam verkaufen zu können.

Dark Leader gesucht!

Die Frage besteht am Ende darin, welche Fähigkeiten eines Managers wichtiger sind, oder in welchem Verhältnis zueinander der Wert verschiedener Eigenschaften steht. Ob also ein *Dark Leader* das, was er in den inneren Strukturen eines Unternehmens möglicherweise beschädigt, dadurch ausgleichen kann, dass er nach außen hin das Image und damit womöglich den Wert des Unternehmens steigert. Dazu lässt sich sagen, dass so etwas im Prinzip und in der Theorie durchaus möglich erscheint.

Denn entscheidend sind in unserer Zeit am Ende nur die messbaren Ergebnisse. Wir leben in einer Kultur der schwarzen Zahlen – das Unternehmen soll am Ende des Geschäftsjahres schwarze Zahlen schreiben, es soll also Gewinn machen. Alles andere ist im Grunde zweitrangig. Welchen Preis die Mitarbeiter für den Erfolg zahlen mussten, wird – wenn überhaupt – ja erst viel später bekannt.

Grundsätzlich ist es für eine Organisation immer von Vorteil, wenn sie sich auf erfahrene Mitarbeiter stützen kann, die mit sechzig Jahren immer noch gute bis sehr gute Arbeit abliefern. Weniger vorteilhaft ist es, wenn die Mitarbeiter bereits im Alter von vierzig Jahren regelrecht ausgebrannt sind, und man daher immer wieder Stellen noch vergleichsweise junger Kollegen neu besetzen muss.

Einige Organisationen allerdings sehen das völlig anders. Sie setzen vor allem darauf, immer wieder ganz junge Mitarbeiter einzustellen. Man nimmt also in Kauf, dass diese Kollegen keine Erfahrung haben, und hofft darauf, dass sie diesen Nachteil durch 120-prozentigen Einsatz ausgleichen – bis sie nach wenigen Jahren ausgebrannt sind und wiederum durch Jüngere ersetzt werden. Natürlich wird gleichzeitig öffentlich immer auch von dem neuen Führungsstil gesprochen, man propagiert Work-Life-Balance oder verkündet die Corporate Happiness – tatsächlich aber ist all das kaum mehr als schönes Gerede. Denn letztlich geht es immer nur darum, wie man es schaffen kann, dass die Leistungsträger nicht krank werden und so im schlimmsten Falle die Gewinnerwartungen beeinträchtigen.

All das führt dazu, dass das Phänomen *Dark Leadership* nicht wirklich geächtet ist. Zwar wird immer wieder einmal medial thematisiert, dass sich immer mehr Psychopathen in Führungspositionen befänden, und es wird darüber berichtet, welche negativen Folgen dies etwa für Mitarbeiter mit sich bringt. Doch die Kultur der schwarzen Zahlen führt eben immer wieder dazu, dass das Thema im Sande verläuft – solange solche Führungspersönlichkeiten diese schwarzen Zahlen schreiben.

Was dann zu der Frage führt, ob es in einem Unternehmen tatsächlich eine Ethik gibt, oder ob diese Ethik endet, wenn der Gewinn nicht mehr stimmt.

Grundsätzlich funktioniert unser gesamtes System immer noch und immer wieder nach dem Prinzip »größer, höher, schneller«. Alles scheint nur dann zu funktionieren, wenn ein Unternehmen wächst. Das zeigt sich nicht zuletzt in der zunehmenden Monopolisierung. Wir haben die Googles dieser Welt, die die Informationshoheit besitzen, wir haben daneben die Amazons dieser Welt, durch die die Regeln für den Handel verändert wurden, wir haben auch die Apples dieser Welt, durch die die Regeln für die Digitalisierung geschaffen wurden. All das können wir jedes Mal erkennen, wenn wir uns in die Einkaufszonen der Innenstädte begeben. Denn dort sieht es inzwischen überall gleich aus – egal ob in München, Berlin oder Hamburg. Überall finden wir dort zum Beispiel Geschäfte der Modekette ZARA. Eine hocherfolgreiche Marke, die Dinge etwas anders macht als die Konkurrenz. Aber sie macht diese Dinge an allen ihren Standorten in gleichem Maße dieses bisschen anders – und damit auf andere Weise immer gleich. Hinter dieser Marke, wie hinter all den anderen, verbergen sich sehr erfolgreiche und coole Manager, die innerhalb der Führungsstrukturen in der Lage sind, die Spannungen auszuhalten, die die Leitung eines solchen Großunternehmens mit sich bringt, und die andere eben nicht so gut aushalten. Immer wieder kann es in solchen international agierenden Unternehmen auch zu Restrukturierungsmaßnahmen kommen, um Erfolge fortsetzen oder steigern zu können. Sie wissen schon: die schwarzen Zahlen. Gerade in solchen Phasen ist ein *Dark Leader* deutlich im Vorteil gegenüber weniger extrem geprägten Persönlichkeiten.

9

Zurück ins Licht: Wie sich Unternehmen wehren können

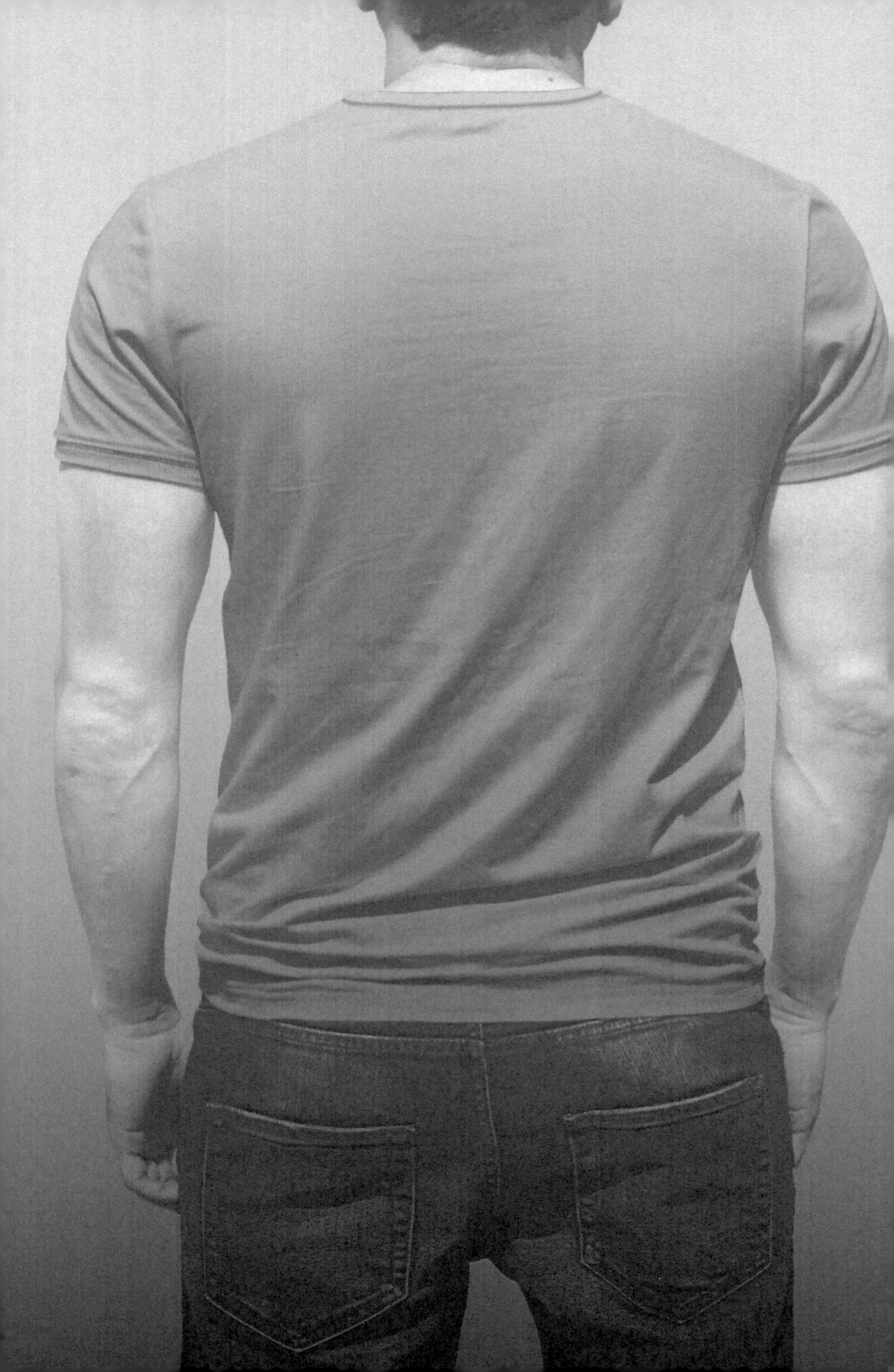

Bewerber richtig einschätzen

In Deutschland existieren bislang wenige Organisationen, die sich mit dem Thema *Dark Leadership* beschäftigen. Etwa mit der Frage, ob es sich bei Kandidaten für eine vakante Position um jemanden handelt, der zwar charismatisch ist, der dann aber innerhalb der Strukturen womöglich unerwünschte Effekte verursacht. Effekte, die vielleicht die Produktivität des Ganzen beeinträchtigen, oder die eventuell die Stimmung der Belegschaft in negativem Sinne beeinflussen.

So etwas ist bei uns immer noch die Ausnahme, in den USA sind solche Überlegungen dagegen bereits häufiger zu finden. Dort scheint man sich der Thematik inzwischen deutlich stärker zu stellen. Man greift dort etwa auf den Hogan Development Survey beziehungsweise die Hogan Assessments zurück. Diese Assessments bezeichnen eine Sammlung verschiedener psychometrischer Online-Fragebögen zur Erfassung von Persönlichkeitsmerkmalen und Merkmalen der intellektuellen Leistungsfähigkeit, die vor allem zur Vorhersage von Erfolg bei Personalentscheidungen eingesetzt werden können. Insgesamt gibt es drei derartige Fragebögen, die sich mit Themenbereichen wie Alltagsstärken beziehungsweise Schwächen, persönlichen Zielen sowie Interessen, aber auch mit den Schattenseiten beschäftigen, also damit, was sich der Person eventuell in den Weg stellen könnte.

Dabei geht es vornehmlich darum, was intern geschehen könnte. Man versucht damit im Vorfeld herauszufinden, wie sich ein CEO oder eine wichtige Führungskraft unter Stress wahrscheinlich verhalten, wie sie agieren beziehungsweise reagieren wird. Wird sie eher narzisstisch sein oder wird sie sich zurückziehen?

Was zudem möglich ist und was auch aktuell stärker genutzt wird, ist ein neueres Instrument: *profilingvalues*. Hinter diesem Begriff verbirgt sich ein Testverfahren, das einen umfassenden Blick auf die Wertesysteme, die Neigungen und Fähigkeiten, auf Kompetenzen, aber auch Interessen und Potenziale von Mitarbeitern und Führungskräften erlauben soll. Damit soll sich zudem ermitteln lassen, welches Verhalten von einer Person wahrscheinlich zu erwarten ist. Es geht des Weiteren darum, wie die Person in Bezug auf andere Menschen oder auf Strategien agieren wird.

Ein drittes Element, das Unternehmen nutzen können, besteht in biografischen Fragebögen. Daraus geht unter anderem die Wechselhäufigkeit eines Bewerbers hervor, es lässt sich auch ermitteln, wie die Person vermutlich in einer bestimmten Situation handeln würde. Solche Fragebögen wurden etwa von Professor Heinz Schuler entwickelt, der zu dem Thema ein Buch mit dem Titel »Psychologische Personalauswahl: Einführung in die Berufseignungsdiagnostik« verfasst hat.[34] Aus der Auswertung dieser Fragebögen erhält man sehr valide Aussagen und es lassen sich treffsichere Rückschlüsse ziehen, wie eine Person in einer bestimmten Situation handeln würde. Dahinter verbirgt sich immer die Annahme, dass die Vergangenheit eines Menschen einen Hinweis darauf gibt, wie er auch in der Zukunft agieren wird. Es geht also auch hier darum, Muster zu erkennen.

In den Arbeitszeugnissen dagegen werden sich keine entsprechenden Informationen finden, schon wegen der gesetzlichen Limitierungen, die bestimmte Informationen ausschließen. Auch wenn ein eventuell künftiger Arbeitgeber bei einem früheren Arbeitgeber des Bewerbers anruft, wird dies kaum nützliche Details des Verhaltens zutage fördern – denn typischerweise sind solche Gespräche wenig ergiebig und bringen kaum kritische Details an die Oberfläche. Es ist schlicht verboten, darüber Auskunft zu geben.

Ich persönlich arbeite bei der Einschätzung von Bewerbern ausgesprochen gern mit den angesprochenen Verfahren profilingvalues, da ich auf diese Weise eine wirklich gute Aussage erhalte. Das gilt nicht zuletzt für den Faktor Empathie oder für Hinweise auf ein sich anbahnendes Burn-Out. Ich habe in diesem Zusammenhang immer das Beispiel einer Managerin eines Startups vor Augen. Bei der Beurteilung einer Person unterschiedet man ja grundsätzlich, was diese Person kann, beziehungsweise wo ihre besonderen Fähigkeiten liegen, und worauf sie ihren Fokus legt. Es handelte sich in dem besagten Fall um eine recht toughe Managerin, die extrem hohe Empathiewerte von 80 Prozent erreichte. Ihr Empathie-Fokus dagegen lag auf dem Niveau von null. Bei Gesprächen mit ihren Kollegen stellte sich dann heraus, dass es sich bei der Frau um eine sehr kritische Person handelte. Es gab sogar Stimmen, die diese Person als fast schon psychopathisch beschrieben. Das allerdings war nicht mein Eindruck, für mich aber war die Interpretation der Persönlichkeit jedoch durchaus interessant. Zusammenfassend lässt sich zu der Managerin sagen, dass es sich um eine Person handelte, die extrem viel wahrnahm. Sie konnte andere Menschen regelrecht lesen. Stand sie mit anderen in Kontakt, nahm sie bereits wahr, was mit ihrem Gegenüber los war, noch bevor es diesem selbst bewusst war. Das ist natürlich eine immense Fähigkeit, die diese Managerin auszeichnete. Gleichzeitig erwies sie sich aber im Kontakt oft sehr schroff, zeigte sich ausgesprochen kritisch. Sie war außerdem sehr konfrontativ und geriet daher recht schnell in Konflikte. Das alles war damit verbunden, dass sie durch ihre extreme Wahrnehmungsfähigkeit immer wieder auch die Schwachpunkte von Gesprächspartnern zielgenau erkannte. Glücklicherweise war die Managerin sehr reflektiert. Es brauchte nur immer etwas Zeit, sie herunterzukühlen. Dann war sie gut in der Lage, zu lernen. Timing ist also entscheidend, um Menschen und vor allem ihr Gehirn zu erreichen.

10
DER URSPRUNG
DES BÖSEN

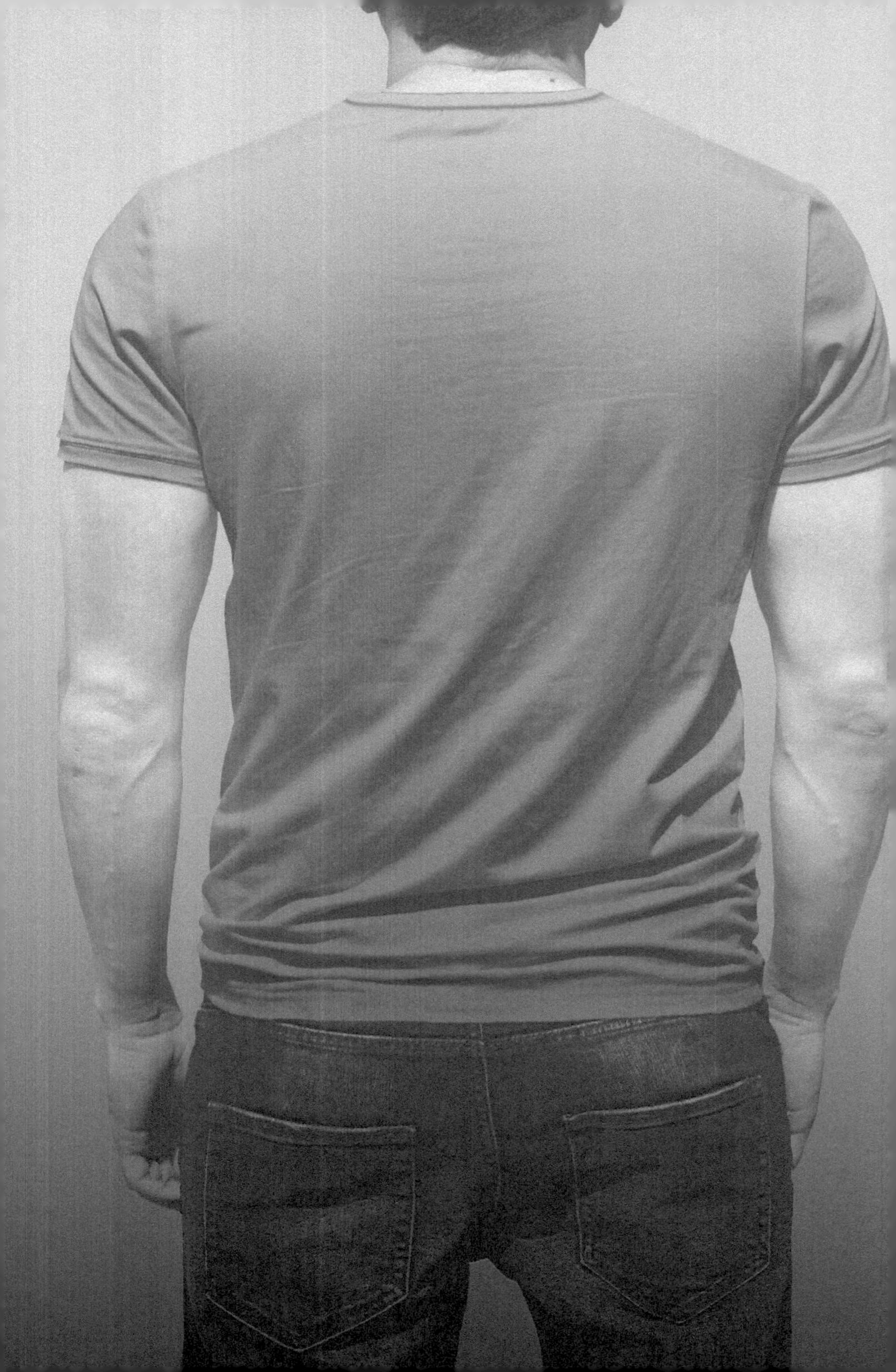

Mit dieser Thematik befasste sich vor einiger Zeit auch die französische Psychoanalytikerin und Autorin Marie-France Hirigoyen, die ich sehr schätze. Hirigoyen hat im Jahr 2002 ein Buch mit dem Titel *Die Masken der Niedertracht: Seelische Gewalt im Alltag und wie man sich dagegen wehren kann* veröffentlicht.[35] Der Leser wird darin klar und kompetent in die Art und Weise eingeführt, wie Menschen vorsätzlich vorgehen, um anderen zu schaden. Hierbei geht es etwa um perverse Narzissten, die ihren überbordenden Machttrieb an anderen in Form von psychischer, aber auch physischer Gewalt ausleben. Hirigoyen behauptet, jemand, der so agiert, ziehe einen Gewinn daraus, andere Personen zu destabilisieren.

Auch im Umfeld Unternehmen geht es bei derartigen Personen immer um das Thema »gewinnen«. Es geht darum, die Oberhand zu behalten, am Ruder zu bleiben. Und es geht darum, in einer Führungs-Autonomie maximal wirken zu können.

Ich persönlich mache mir immer wieder Gedanken darüber, wo all das herkommt, wo die eigentliche Wurzel des Übels zu suchen ist. In Zusammenhang mit *Dark Leadership* lässt sich sagen: Es gibt keine bekannte Schule, in der man sich die entsprechenden Eigenschaften vermitteln lassen kann. Man kann *Dark Leadership* also nicht lernen. Auf der Videoplattform YouTube finden sich einige Videos und Kurzfilme, die das Phänomen beleuchten und es zu erklären versuchen. Zudem finden sich über das Internet verteilt zahlreiche Kommentare zu der Thematik, die auch die Vermutung zulassen, der Begriff scheine gerade hip und trendy zu werden. Doch nirgendwo wird eruiert, woher das alles wirklich kommt. Mal heißt es, *Dark Leadership* beruhe auf dem einen Prozent an Psycho- oder Soziopathen, die es innerhalb der Bevölkerung gibt und immer gegeben hat. Es liegt aber auch nahe, dass es in manchen Unternehmen wohl eine Kultur gibt, die derartige Persönlichkeiten zwangsläufig nach oben spült, weil nur sie die hohen und harten Anforderungen erfüllen können.

Bekannt ist vielleicht der Fall eines großen Bekleidungshauses und der damit verbundenen Filialkette, wo die Führungskräfte quasi eingeschworen werden. Wer zu diesem Unternehmen will, der weiß auch, dass es dort eine toughe und harte Führung gibt – und genau das muss man akzeptieren, wenn man dort Karriere machen will. Das Gleiche war in der Vergangenheit über die inzwischen insolvente Drogeriekette Schlecker zu hören. Auch dort war das Management ausgesprochen hart und tough. Wer etwas werden wollte, hatte sich diesem Stil unterzuordnen – wer das nicht tat, der war bald wieder weg. Es gibt also letztlich mancherorts eine regelrechte Verpflichtung, sich den Stil eines *Dark Leaders* anzueignen. Man könnte sagen, Lernen erfolgt hier an einem Rollen-Vorbild.

In vielen Wirtschaftszweigen haben sich die Menschen schon daran gewöhnt, dass sie hart zu arbeiten haben, und zwar deutlich länger als die acht Stunden eines durchschnittlichen Arbeitnehmers. Sie sind es gewohnt, nur die Zahlen zu sehen und die Menschen hinter den Zahlen als nachgeordnet einzustufen. In großen Anwaltskanzleien etwa bekommen Neuzugänge bereits zum Einstieg unglaublich hohe Gehälter – 120 000 Euro im Jahr als Anfangsgehalt direkt nach dem Studium sind durchaus nicht ungewöhnlich. Dafür wird aber auch einiges verlangt. Nicht zuletzt, dass die Anwälte quasi Tag und Nacht arbeiten, immer verfügbar sind. Wer so etwas über Jahre macht, um schließlich Partner in der Kanzlei zu werden, der durchläuft dann doch so etwas wie eine Schule auf dem Weg zu einem *Dark Leader*. Das Gehirn lernt, was gefordert und was zu leisten ist, es lernt, dass genau das die Norm ist. Und dieses Gelernte wird natürlich weitergegeben, wenn Mitarbeiter anzuleiten sind. Das macht sich bemerkbar, wenn solche Menschen zu Partnern werden, oder wenn sie ihre Karriere in einer anderen Kanzlei fortsetzen, wo sie das Erlernte ebenfalls weitergeben. Weil sie die Anforderungen verinnerlicht haben und weil sie gelernt haben, dass es sich dabei um die Norm handelt – denn wir lernen immer, unabhängig davon, ob der Lerninhalt moralisch als richtig oder falsch einzustufen ist.

Physiologisch betrachtet beruhen solche Entwicklungen auf unseren Spiegelneuronen. So ein Spiegelneuron ist eine Nervenzelle im Gehirn, die beim Betrachten eines Vorgangs das gleiche Aktivitätsmuster zeigt wie bei dessen tatsächlicher Ausführung. Auch Geräusche, die durch früheres Lernen mit einer bestimmten Handlung verknüpft werden, verursachen bei einem Spiegelneuron dasselbe Aktivitätsmuster wie eine entsprechende reale Handlung. Die Spiegelneuronen erlauben es dem Menschen daher, ein beobachtetes Verhalten schnell imitieren zu können. Zudem spricht unser Gehirn immer sehr schnell auf Belohnungen an. Geht es um die Karriere, und damit verbunden die zu leistende Arbeit, dann lernen wir eben recht flott, dass es für bestimmte Leistungen eine solche Belohnung gibt. Diese Belohnung besteht mal eben in einem hohen Gehalt, mal in einem schnellen Aufstieg innerhalb der Hierarchien.

Es ist dazu noch zu sagen, dass das Lernen immer über die Dopaminausschüttung im Gehirn funktioniert. Dopamin ist ein sogenannter Neurotransmitter und wird umgangssprachlich immer wieder als Glückshormon beschrieben. Es ist verantwortlich für unsere Antriebskraft und unsere Stimmung. Erreicht ein Mensch nun seine Dopaminausschüttung über den persönlichen Status, dann wird er immer weiter intensiv arbeiten, um diesen Status weiter zu steigern und dann wieder in Form der nächsten Dopaminausschüttung belohnt zu werden. Die Mühen fühlen sich also nicht falsch oder gar anstrengend an, sie sind vielmehr der Weg, auf dem sich weitere Belohnungen erreichen lassen.

Hinzu kommt, dass kaum jemand in solchen Positionen alleine arbeitet. Vielmehr arbeiten die Menschen in einem Umfeld, in dem andere Menschen genauso agieren. Selbst wer bei der Einstellung noch weit entfernt von extremem Verhalten war, lernt in einem solchen Umfeld dann doch, wie er sich zu verhalten hat, um hier bestehen zu können. Und er lernt weiter, wenn er durch solche Anpassung seine Belohnungen bekommt, die den Status und damit die Dopaminausschüttung steigern. Was die anderen tun, wird für den Einzelnen zur Norm, nach der er sich richtet. Das Gehirn übernimmt diese

Norm als Richtlinie des eigenen Verhaltens. Wer zunächst noch von Skrupeln geplagt war, agiert nach einer Weile ebenso skrupellos, wie er es von den Kollegen in seiner Umgebung gelernt hat.

Niemand kann lernen, ein Psychopath zu sein, nur weil er es möchte, aber Menschen sind durchaus in der Lage, sich das Verhalten anderer anzueignen. Denn Lernen geschieht vor allem über die Umgebung, der Einzelne passt sich dem Verhalten der Menschen im eigenen Umfeld an. Was all diese Menschen tun, ist offensichtlich die Norm und wird als solche erlernt. Genau das kennt man aus der Vergangenheit etwa durch die Milgram-Experimente.

Das Milgram-Experiment – das Böse steckt in uns allen

Das sogenannte Milgram-Experiment wurde erstmals 1961 durchgeführt. Entwickelt wurde es von dem Psychologen Stanley Milgram, der damit die Bereitschaft durchschnittlicher Personen testen wollte, autoritären Anweisungen Folge zu leisten – und zwar selbst dann, wenn diese Anweisung in direktem Widerspruch zu ihrem Gewissen stehen. Der Versuch bestand darin, dass ein »Lehrer« – die eigentliche Versuchsperson – einem von einem Schauspieler verkörperten »Schüler« bei Fehlern vermeintlich einen elektrischen Schlag versetzte. Ein Versuchsleiter gab dazu Anweisungen – bei ihm handelte es sich ebenfalls um einen Schauspieler. Die Stärke des elektrischen Schlages sollte außerdem nach jedem Fehler erhöht werden. Durchgeführt wurden die Versuche in verschiedenen Variationen; 26 Personen gingen dabei bis zur maximalen Spannung von 450 Volt, nur 14 brachen den Test vorher ab. Die Versuchspersonen hätten also im Realfall schwere körperliche Schäden bei einem Menschen in Kauf genommen – nur weil sie den Anweisungen einer Autorität Folge leisten wollten[36].

Ist die soziale Norm also definiert, dann scheint das Gehirn Dinge zulassen zu können, die unter normalen Umständen kaum vorstellbar erscheinen. Und dabei ist es gleichgültig, in welcher Kultur wir leben, ob wir etwa eine Demokratie oder eine absolutistische

Herrschaft gewohnt sind. Sobald wir etwas als herrschende Norm anerkennen, handeln wir dieser Norm entsprechend, bevor wir uns unseres Handelns bewusst werden.

The Push – so schnell wird man zum Mörder

Deutlich wurde das zuletzt einmal mehr in einem TV-Experiment, das als Dokumentation etwa bei dem Streaming-Dienst Netflix unter dem Titel »The Push« abrufbar ist. Darin geht es um die Frage, wie weit wir gehen würden, um unsere eigene Haut zu retten. Bei dem Versuch sollte ein Mensch mit geschickter Manipulation dazu gebracht werden, dass er einen anderen vom Dach schubsen müsse beziehungsweise wolle. Im Klartext also: einen Menschen umbringen. Die Frage lautete zu Beginn, ob so etwas überhaupt klappen kann. Daneben ging es darum, was es braucht, um einen ganz normalen Typen zu einem Mörder zu machen. Alles begann damit, dass man Auditions für eine Show durchführte. Die Kandidaten wurden in einen Raum geführt, in dem bereits drei weitere vermeintliche Kandidaten saßen, die jedoch in Wahrheit Schauspieler waren. Diese Personen füllten Fragebögen aus. Immer wieder klingelte außerdem eine Glocke. Kaum klingelte es, standen sie ohne weitere Erklärung auf, klingelte sie noch einmal, setzten sie sich wieder. Dieser Test diente dazu, herauszufinden, wie schnell die jeweiligen Kandidaten dieses Verhalten adaptierten – und sich so quasi als Fähnchen im Wind outeten, was sie für das Experiment geeignet erscheinen ließ. Im Rahmen des Experiments wurden die Kandidaten mithilfe von psychologischen Tricks immer weiter in eine vermeintlich aussichtslose Position gelenkt. Alles fängt zunächst harmlos an, steigert sich im Verlauf von 70 Minuten jedoch kontinuierlich. Erst einmal muss der Kandidat etwa Fleischhäppchen als vegetarischen Imbiss ausgeben. Wenig später jedoch findet er sich in einer Situation wieder, in der er eine Leiche in einer Kiste verstauen muss und sich als eine Person ausgeben soll, die er nicht ist. Die Frage war schließlich die, wie schnell ein völlig normaler Mensch sich von üblichen Moralvorstellungen verabschiedet. Das Ergebnis war erschreckend. Das Experiment wurde mit verschiedenen Kandidaten durchgeführt und nur einer verweigerte am Ende den finalen Todesstoß von der Dachkante. Die Übrigen – Frauen wie Männer – führten den Stoß aus.

Natürlich bleibt bei einem TV-Experiment immer die Frage, wie real die Abläufe wirklich waren, doch vor dem Hintergrund der Erkenntnisse aus den Milgram-Experimenten erscheinen die Resultate durchaus nachvollziehbar. [37]

Akzeptiert ein Mensch vor dem Hintergrund des Handelns anderer eine Handlung als plausibel, dann ist im Grunde alles möglich. Sogar Dinge, die wir für unmöglich halten. Wie sonst lässt sich etwa erklären, dass in Nazi-Deutschland zahllose Menschen überzeugt waren, es sei vollkommen okay, Juden zu ermorden? Es mag uns unangenehm sein, an diese Zeit und damit an die Sünden unserer Vorfahren erinnert zu werden. Es mag uns geradezu peinlich sein, dass unser Denken und unsere Intelligenz sich so vergleichsweise leicht überlisten lassen. Das aber ändert nichts an der Realität und daran, dass genau das der Fall ist.

Es gibt in diesem Zusammenhang noch ein weiteres wissenschaftliches Experiment, das ich nennen möchte. Dabei handelt sich um das sogenannte Konformitätsexperiment von Asch, das im Jahr 1951 von Solomon Asch veröffentlicht wurde.

Das Konformitätsexperiment von Asch – Dazugehören ist alles

Im Konformitätsexperiment von Asch geht es um die Frage, ob der Gruppenzwang eine Person so stark beeinflussen kann, dass sie eine offensichtlich falsche Aussage als richtig bewertet. Um das herauszufinden, setzte man eine Reihe von Personen an einen Konferenztisch. Als schließlich die Versuchsperson den Raum betrat, wurde ihr erklärt, bei den Personen handle es sich ebenfalls um freiwillige Teilnehmer an dem Experiment. Tatsächlich aber waren es Vertraute des Versuchsleiters.

Nun wurde der Gruppe auf einer Karte eine Linie gezeigt, neben der noch drei weitere Linien zu erkennen waren. Die Aufgabe bestand nun in der Einschätzung, welche dieser drei Vergleichslinien die gleiche Länge wie die Referenzlinie hatten. Für einen objektiven Beobachter war jeweils eine der Linien deutlich erkennbar gleich lang wie die Referenzlinie. In der Kontrollgruppe sollten die Vertrauten des Versuchsleiters nun ihre Einschätzung in der Gruppe äußern, welche Linie die gleich lange sei. Erwartungsgemäß machte die Versuchsperson, die mit den heimlich Vertrauten am Tisch sitzt, unter dieser Bedingung kaum Fehler.

In der Experimentalgruppe wiederum fanden jeweils 18 Schätzungen statt. Während sechs dieser Durchgänge waren die heimlichen Vertrauten instruiert, ein richtiges Urteil abzugeben, während zwölf weiterer Durchgänge jedoch sollten die Vertrauten einstimmig ein falsches Urteil abgeben. Die Probanden passten sich bei etwa einem Drittel der Durchgänge der Mehrheit an – obwohl deren Fehlentscheidung offensichtlich war. Nur ein Viertel der Versuchspersonen blieb unbeeinflusst, machte auch in den manipulierten Durchgängen keinen Fehler. Die Teilnehmer im Asch-Experiment waren dabei hin- und hergerissen: Sie wollten zum einen richtig urteilen, sie wollten aber ebenso auf andere einen guten Eindruck machen, wollten also zur Gruppe gehören. Interessant in diesem Zusammenhang ist, dass schon eine Gruppe von drei Personen ausreichend ist, um diesen Konformitätseffekt in vollem Umfang auszulösen. Je größer und geschlossener die Gruppe ist, desto effektiver ist jedoch ihr Einfluss. Ist in der Gruppe allerdings nur eine Person dabei, die den echten Probanden unterstützt und auch die richtige Antwort gibt, schwächt sich der Einfluss der Gruppe bereits ab. [38]

Hinter diesem Experiment verbirgt sich, was man nach dem US-Psychologen Robert Beno Cialdini die »Orientierung an der sozialen Gültigkeit« nennt. Genau das kennen wir beispielsweise auch aus der Opferforschung. Bewegt sich ein Mensch etwa in einer Großstadt auf einer belebten Einkaufsstraße und bemerkt dann, wie eine Person zu Boden fällt, dann lässt sich nicht selten beobachten, dass andere Menschen an dieser Person vorbeieilen. Sie schauen zwar hin, aber niemand tut etwas, niemand hilft. Werden diese Menschen anschließend befragt, dann können sie meist nicht begründen, warum sie nicht gehandelt haben. Tatsächlich aber scheint das Orientieren an den anderen – die in diesem Fall ja ebenfalls nicht eingriffen – ein wesentlicher Punkt unseres Handelns zu sein. Und es ist ein weiterer Hinweis darauf, wie wir solche Verhaltensweisen erlernen. In der Opferforschung heißt es, man solle daher in einem solchen Notfall eine Person direkt ansprechen und sie bitten, um Hilfe zu rufen. Das hilft dann tatsächlich. Doch das durchschnittliche Verhalten ist wie bei den Lemmingen, die sich der Sage nach kollektiv in den Selbstmord stürzen (diese Theorie ist heute wissenschaftlich widerlegt) – auch die Menschen orientieren sich an den anderen und unterlassen es dabei, scheinbar Selbstverständliches zu hinterfragen. Genau das zeigte sich auch in dem beschriebenen Experiment unter dem Titel »The Push«, als Probanden beim Erklingen eines Tones unvermittelt aufstanden, was andere Kandidaten ihnen bald ohne erkennbaren Grund nachahmten.

Das Unternehmen formt die Mitarbeiter

Genau dieses Lernen und Nachahmen geschieht meines Erachtens in den großen Unternehmensberatungen, wenn es um die Auswahl geeigneten Nachwuchses geht. Dort geschieht die Selektion und Anpassung an die Werte und Normen innerhalb der ersten zwei Jahre der Berufstätigkeit. Während dieser Zeit geht ohnehin rund 50 Prozent des Nachwuchses wieder, weil diese Menschen erkennen, dass sie diese Arbeit und den damit verbundenen Einsatz auf Dauer nicht aushalten werden, oder weil sie diese Art der Arbeit schlicht nicht mögen und nicht wollen. Diejenigen aber, die bleiben, sind diejenigen, die zu dem Ton immer aufstehen würden. Es handelt sich schlicht um eine Selektion auf Basis der Vorgabe, wer es schafft, den gewollten Stil des Unternehmens weiter zu verkörpern, ihn eventuell sogar zu vervollkommnen.

11

VOLITION – DIE RÜCKKEHR DER GUTEN, ALTEN WILLENSKRAFT

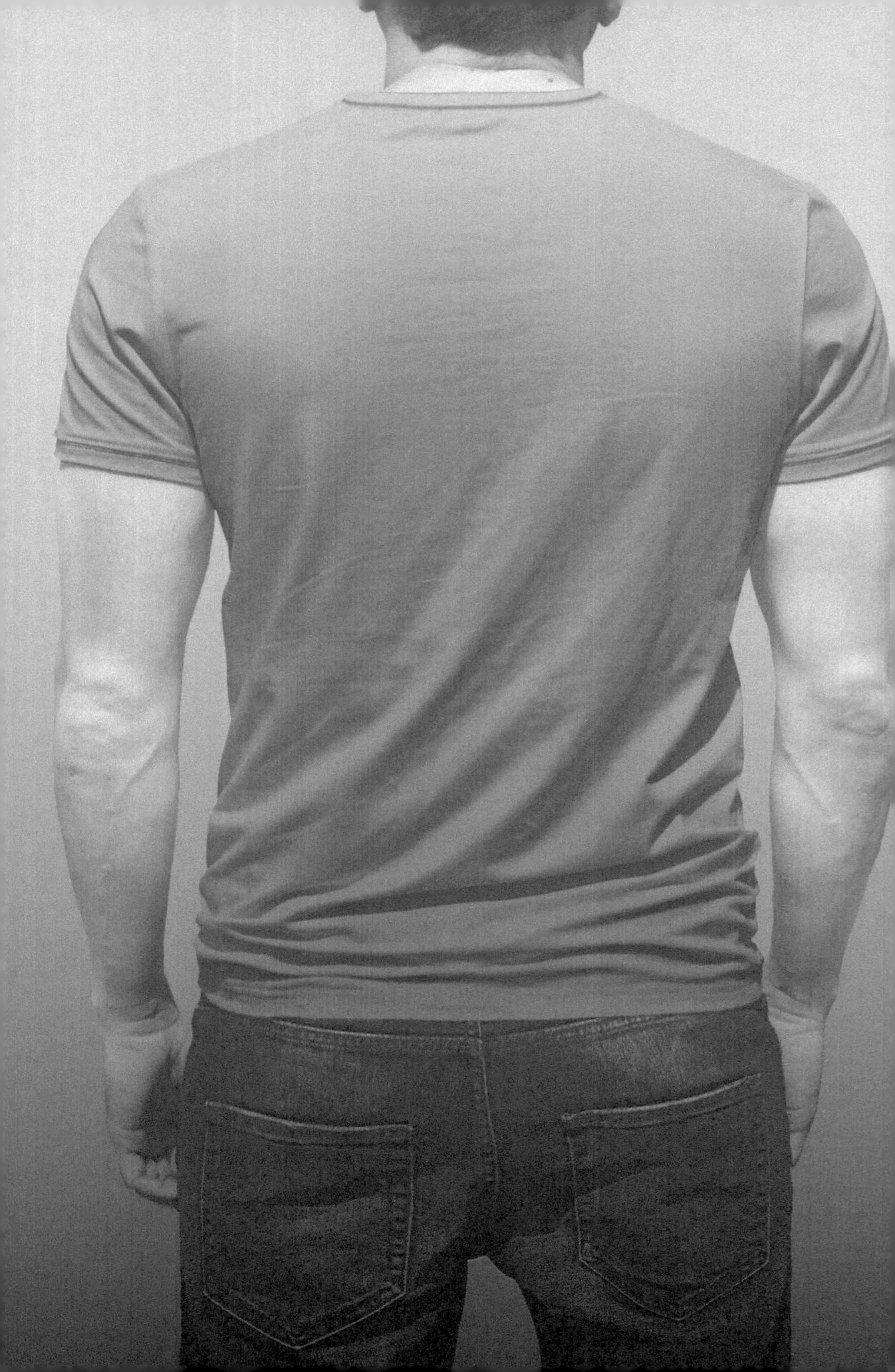

Alle paar Jahre wird im Zusammenhang mit der Führungskraft eine neue Idee nach oben gespült. Damit alles immer wieder neu und frisch und bloß nicht verkrustet wirkt. Aktuell etwa ist *Volition* ein großes Thema, die Willenskraft also. Doch so neu, wie man es propagiert, ist gerade diese Volition nicht. Die Idee stammt vielmehr aus dem vergangenen und dem vorvergangenen Jahrhundert. Damals wurde die Frage, was denn einen großen Führer ausmache, damit beantwortet, dass die Willenskraft ein entscheidender Faktor sei. Denn diese Kraft helfe dabei, die Massen zu überzeugen, sie für eine Idee oder einen Plan zu gewinnen. Genau das kommt nun wieder.

Doch bleiben wir erst einmal bei Grundsätzlichem und versuchen so das Konzept Volition zu verstehen. Der Begriff steht für eine bewusste und auch willentliche Umsetzung von Zielen und Motiven in Ergebnisse – und zwar durch die zielgerichtete Steuerung von Gedanken, Emotionen, Motiven sowie Handlungen. Erforderlich dafür ist das Überwinden von inneren und äußeren Widerständen durch die Willenskraft, also etwa Unlustgefühlen oder Ablenkungen. Volition wurde bereits im Jahr 1929 von Kurt Lewin und 1935 von Narziss Ach als Form der Motivation bezeichnet, die sich auf das Streben nach Zielen bezieht. Die Ausführungen Kurt Lewins führten zum vorläufigen Ende der sogenannten willenspsychologischen Forschung, da Lewin Motivation und Absicht gleichsetzte.

Später erhielt Volition eine neue, empirisch und naturwissenschaftlich fundierte Grundlage. Ausschlaggebend dafür waren die Entdeckung des Bereitschaftspotenzials durch den Physiologen Hans Helmut Kornhuber im Jahr 1965 sowie die Entwicklung erster Instrumente zur Messung der volitionalen Selbststeuerung beziehungsweise Selbstregulierung durch Frederick Kanfer im Jahr 1970 und Albert Bandura im Jahr 1991. Ein weiterer Ausgangspunkt für die Entwicklung des Themas waren Impulse aus der kybernetischen Systemtheorie.

Das Rubikonmodell von Heckhausen

Das alles hört sich natürlich gerade für Laien arg theoretisch an. Zur Verbreitung des Themas im deutschen Sprachraum hat daher vor allem das einleuchtende und gut verständliche Rubikonmodell von Heinz Heckhausen aus dem Jahre 1987 beigetragen.[39] Hintergrund dieses Modell ist das Wissen, dass es häufig einfach nicht ausreicht, nur motiviert zu sein, um ein gesetztes Ziel zu erreichen. Wer etwa mit dem Rauchen aufhören oder regelmäßig Sport treiben will, kommt seinen Zielen mit der bloßen Motivation oft nicht näher. Um die Absicht in die Tat umzusetzen, fehlt nämlich als entscheidender Faktor das Durchhaltevermögen: also die Volitions- beziehungsweise Willensprozesse. In Heckhausens Rubikonmodell werden daher beide Prozesse berücksichtigt, sowohl Motivation als auch Volition. Dieses Modell liefert sehr gute Vorhersagen des menschlichen Verhaltens und hat sich auch im Rahmen diverser Studien bewährt. Von anderen Modellen hebt es sich vor allem dadurch ab, dass es den gesamten Motivations- und Volitionsprozess in seiner zeitlichen Abfolge abbildet. Konkret bedeutet dies: Den Anfang bildet eine Motivationsphase, in der wir uns klar werden müssen, was wir eigentlich wollen. Diese Phase nennt Heckhausen auch prädeziosional, die Entscheidung ist also noch nicht getroffen. Diese Phase ist zudem dadurch gekennzeichnet, dass die Informationen von unserem Gehirn noch sehr unparteiisch und rational aufgenommen werden. Wir wägen also wirklich jedes Für und Wider ab. Denken wir darüber nach, künftig mehr Sport zu treiben, dann wägen wir ab, was für dieses Vorhaben spricht, wir bedenken aber auch, ob sich der Plan eventuell negativ auswirken könnte. Als Pluspunkte erkennen wir dann etwa die positiven Auswirkungen des Sports auf Gesundheit und Psyche, wir erkennen nicht zuletzt, dass Sport natürlich gut für die Figur ist. Aber wir registrieren eben auch die andere Seite des Vorhabens: dass Sport anstrengend ist etwa, und dass uns durch das sportliche Training weniger Zeit für andere angenehme Vorhaben bleibt. Dazu kommt dann noch der praktische Nachteil, dass uns zum Beispiel weniger Zeit bleibt, daheim für Ordnung zu sorgen.

Sehr gut beschreiben lassen sich diese Modelle mit der in der Psychologie gebräuchlichen Formel

$$\text{Erwartung} \times \text{Wert}$$

beschreiben – also die eigene Erwartung multipliziert mit dem Faktor persönlicher Wert oder eigene Bewertung. Die Erwartung dreht sich etwa um die Frage, ob ich das Vorgenommene überhaupt schaffe. Schaffe ich es also, morgens früh genug aufzustehen, um wirklich zu trainieren, halte ich das Training an sich dauerhaft durch? Dies wird dann multipliziert mit dem Wert und damit der Frage, was mir das Vorhaben tatsächlich wert ist. Sind die erwarteten gesundheitlichen Vorteile den gebotenen Verzicht in anderen Bereichen wert? Ist der Wert der Vorzüge größer als der der erwarteten Einschränkungen?

Nehmen wir aber einmal an, am Ende der motivationalen Phase kommen wir zu dem Schluss, die Sache ist es wert. Sport hat also dann deutlich mehr Vor- als Nachteile.

Elon Musk – Wille ist Macht

Elon Musk lässt sich am ehesten unter dem Aspekt besagter Willenskraft in Verbindung mit leicht autistischen Zügen beschreiben. Er war schon in seiner Kindheit bekannt dafür, sich vollkommen in ein Thema vertiefen zu können, Dinge bildhaft in sein Gedächtnis aufnehmen zu können. Zu seinem familiären Umfeld in dieser frühen Zeit ist allerdings nur recht wenig bekannt. Es gibt Andeutungen über einen äußerst unangenehmen Vater, man weiß, dass seine Eltern sich trennten, der Sohn dann bei seinem Vater lebte. Dieser Vater wiederum hatte eine recht negative Sicht auf das Leben und er versuchte auch, das Kind zu destabilisieren. Das alles beziehungsweise das Wenige, das man weiß, spricht für einen negativen Narzissmus des Vaters.

Geboren wurde Elon Reeve Musk im Jahr 1971 in der südafrikanischen Stadt Pretoria. Sein Vater war der südafrikanische Maschinenbauingenieur Errol Musk, die aus Kanada stammende Mutter Maye machte sich später einen Namen als Model, Autorin und Ernährungsberaterin. Elon Musk hat zwei Geschwister – den jüngeren Bruder Kimbal und die Schwester Tosca. Bereits im Jahr 1980 ließen sich die Eltern scheiden, der junge Elon Musk lebte danach wie erwähnt die meiste Zeit bei seinem Vater, und zwar an verschiedenen Orten in Südafrika. Während seiner Kindheit soll er Mobbing ausgesetzt gewesen sein: Etwa als ihn eine Gruppe Jugendlicher eine Treppe hinuntergeworfen und bis zur Bewusstlosigkeit geprügelt hatte. Musk verbrachte daraufhin einige Tage im Krankenhaus.

Doch es gab noch eine ganz andere Seite dieser Jugend. Und diese Seite offenbart in vielerlei Hinsicht auch schon die Begabungen des jungen Elon. Der Junge soll seine Zeit vor allem mit Lesen verbracht haben, er sog das Wissen regelrecht aus den Büchern auf. Und er wandte es dann auf eine Weise an, die einen frühen Ausblick auf seine spätere Karriere gewährte: Im Alter von zehn Jahren entdeckte er sein Interesse an Computern und beschäftigte sich mit Programmiersprachen sowie der Programmierung seines Commodore VIC 20. Als Zwölfjähriger entwickelte er bereits ein erstes Videospiel, das er Blastar nannte und schließlich für 500 Dollar an eine Computerzeitschrift verkaufte. Gemeinsam mit Bruder Kimbal und seinen Cousins mischte er außerdem Salpeter, Schwefel und Holzkohle oder Bremsflüssigkeit und Chlorpulver zu einem Treibstoff für seine Modellraketen zusammen.[40]

Doch das sind nur Ausschnitte aus dieser Jugend, der er tatsächlich recht schnell entfliehen wollte. Für Elon sei Südafrika wie ein Gefängnis gewesen, soll sein Bruder einmal gesagt haben. Denn in den Achtzigerjahren stand Südafrika nicht zuletzt unter dem Eindruck der zusammenbrechenden staatlich verordneten Rassentrennung im Land. Diese Apartheid genannte Politik prägte das Land seit 1948 und sollte 1994 schließlich endgültig auf dem Friedhof der Geschichte begraben werden. Im Jahr 1987 geriet die Regierung der weißen Minderheit unter Druck der erstarkten schwarzen Gewerkschaften. Über eine Viertelmillion Bergarbeiter verweigerten die Arbeit, der Aufstand drohte auf weite Industriebereiche überzugreifen: es war die bisher größte Streikwelle in der Geschichte des Burenstaates. [41] Jenes Jahr war es dann, in dem Elon Musk kurz vor seinem 16. Geburtstag gemeinsam mit seinem jüngeren Bruder Reisepässe in der kanadischen Botschaft beantragte und ein Jahr später nach Nordamerika auswanderte, um dem Wehrdienst unter dem Apartheidregime zu entgehen – heißt es jedenfalls. Doch das dürfte nur ein Teil der Wahrheit sein, das schwierige Verhältnis zu Vater Errol spielte vermutlich ebenfalls eine Rolle. Grundsätzlich könnte man sagen, den Musk-Kindern fehlte es in ihrer Jugend an nichts. Die Familie galt nämlich als wohlhabend, war sogar wirklich reich. Elon Musk erinnerte sich einmal rückblickend, man habe zeitweise so viel Geld besessen, dass der Safe geradezu überquoll und man ihn nicht mehr zubekam. Eine Person habe dann das Geld festhalten müssen, während ein anderer die Safetür zugeworfen habe. Ragten anschließend immer noch einzelne Scheine heraus, habe man sie herausgezogen und sich in die Taschen gesteckt.[42] Die Quelle des Wohlstands bestand vor allem in Form einer Smaragdmine, die zu einer Hälfte Vater Musk gehörte. Smaragdkristalle im Haushalt seien daher alltäglich gewesen.[43]

Aber das war eben nur die eine Seite. Im Jahr 2017 gab Elon Musk der Musikzeitschrift »Rolling Stone« ein Interview und gewährte dabei einen seltenen Blick hinter die familiäre Fassade seiner Jugend – einen kurzen, aber nichtsdestotrotz eindrucksvollen Blick.[44] Er bezeichnete den Vater als »schreckliches menschliches Wesen«, das »alles erdenkliche Böse« getan habe. Dass er nach der Scheidung der Eltern zu seinem Vater Errol gezogen sei, habe den Grund gehabt, dass er nach eigenen Aussagen damals Mitleid mit ihm hatte, weil alle seine Geschwister bei der Mutter landeten. Erst nach dieser »schlechten Entscheidung« habe er realisiert, dass sein Vater ein

Scheusal sei. Der Vater habe alle Straftaten und alle bösen Dinge begangen, die man sich vorstellen könne. Vater Errol reagierte auf die Aussagen und gab an, er habe nie etwas Böses getan, sei auch nie wegen irgendwelcher Straftaten angeklagt gewesen – er habe nur einmal in Notwehr drei Menschen erschossen, die in sein Haus eingedrungen waren. Dazu wiederum mag sich jeder selber eine Meinung bilden – um einfach mal drei Menschen zu erschießen, ist sicher eine besondere Persönlichkeitsstruktur notwendig.

Nachdem der junge Elon Musk nun Südafrika verlassen hatte, hieß sein erstes Ziel Kanada. Dort schrieb er sich an einer Universität ein, wechselte aber bald in die USA an die University of Pennsylvania in Philadelphia, wo er das Studium der Volkswirtschaftslehre und Physik abschloss. 1995 wechselte er nach Palo Alto in Kalifornien und an die Stanford University. Nach nur zwei Tagen auf dem Campus gab Musk jedoch das Studium auf und gründete ein Internetunternehmen. Nach seinen eigenen Aussagen hatte Musk damals jedoch nur sehr grobe Vorstellungen von den Chancen, die ein »Dotcom-Unternehmen, 2000 Dollar Kapital, ein Auto und ein Computer bieten konnten.« Am Erfolg allerdings änderte das nichts. Im Jahr 1999 kaufte Computerhersteller Compac ihre Firma Zip2 für 307 Millionen US-Dollar – der bis dahin höchste jemals für ein Internetunternehmen gezahlte Preis. Für Musk bedeutete der Verkauf, dass er über seine Beteiligung nun auf 22 Millionen US-Dollar Kapital zurückgreifen konnte.

Seine Willenskraft hatte Elon Musk schon immer ausgezeichnet, doch nun stand ihm auch noch nahezu unendliches Kapital zur Verfügung. Direkt nach dem Verkauf gründete Musk daher nun das Unternehmen X.com, das ein Onlinebezahlsystem via E-Mail entwickelte. Bereits im Jahr 2000 fusionierte X.com mit dem Konkurrenzunternehmen Confinity, welches sich auf ein ähnliches Produkt spezialisiert hatte – nämlich PayPal. Das wurde in den folgenden Jahren zum wichtigsten Onlinebezahlsystem weltweit – und es wurde im Jahr 2002 für 1,5 Milliarden US-Dollar an eBay verkauft. Musk hielt zu diesem Zeitpunkt knapp zwölf Prozent der Firmenanteile und war damit der größte Anteilseigner.

Mit seinen bisherigen Internetunternehmen hatte Musk neue Märkte mit Produkten erschlossen, die es so zuvor nicht gegeben hatte. Nun jedoch änderte er seine Strategie vollkommen: Von nun an wollte er bisher teure und technisch komplexe Produkte für die Massenfertigung tauglich machen und vor allem günstiger anbieten. Genau das wiederum führte zu Gründung all jener Marken, mit denen wir heute den Namen Elon Musk verbinden.

Musks dritte Gründung war das Raumfahrtunternehmen SpaceX, das er im Jahr 2002 ins Leben rief. Die Idee dahinter: der Verkauf unbemannter Raumflüge, um Satelliten in den Orbit zu bringen und die Raumstation ISS zu versorgen. Inzwischen wurden auch bemannte Flüge angekündigt. Grundsätzlich sieht Musk SpaceX als Mittel, um »zu helfen die Kosten des Weltraumtransports zu senken, sodass es möglich wäre, Leben auf einem anderen Planeten zu etablieren«. Und wieder einmal schaffte er, was er sich vorgenommen hatte. Seit dem Start der Falcon 1 am 28. September 2008 ist SpaceX das erste Unternehmen, das mit einer vollständig privat finanzierten Flüssigtreibstoffrakete den Orbit erreichen konnte. Die Kosten eines Starts belaufen sich dabei auf nur etwa ein Drittel der Kosten vergleichbarer staatlich finanzierter Raumflüge, weil die Hauptrakete und die sogenannten Booster wiederverwendet werden können.

Besonders eng ist der Name Elon Musk in der Öffentlichkeit jedoch mit dem Elektroauto-Hersteller Tesla verbunden. Als noch kaum jemand wirklich an den Erfolg elektrischer Fahrzeuge glaubte, investierte er bereits im Frühjahr 2004 in die Marke. Musk glaubte schon damals an die Möglichkeit, E-Autos zu konzipieren, die herkömmlichen Modellen in nichts nachstehen. Er ist CEO und Product Architect des Unternehmens. Mitte Juni 2014 gab es dann noch ein Beispiel für das einzigartige Vorgehen eines Elon Musk: Hüten andere Unternehmen ihre Patente meist wie Staatsgeheimnisse, gab

Tesla unter seiner Führung die gehaltenen Patente frei, um der Entwicklung von Elektrofahrzeugen einen weiteren Schub zu versetzen. In Anlehnung an das Internet-Meme »All your base are belong to us« stellte Musk diese Idee unter den bewusst grammatikalisch falschen Wahlspruch »All Our Patent Are Belong To You« – also »All unser Patent gehören euch«.

SpaceX und Tesla sind zwar die bekanntesten Firmen des Musk-Imperiums, sie sind aber längst nicht alle. 2006 gründete Musk mit zwei Cousins etwa das Unternehmen SolarCity, das Solaranlagen konzipiert, vertreibt, installiert und auf Wunsch auch finanziert, vermietet und betreibt. Im August 2013 dann stellte Musk das Projekt Hyperloop für Personen- und Güterverkehr auf Fernstrecken vor: Geschlossene Kapseln für 28 Personen sollen in einer Röhre auf Luftkissen bis Tempo 1220 beschleunigen und so eine 600 Kilometer lange Strecke in 35 Minuten kostengünstiger als ein Zug zurücklegen. Laut Musk arbeitet ein Dutzend Ingenieure an den Plänen.

2015 dann wurde Unternehmen OpenAI als gemeinnützige Gesellschaft gegründet. Dieses Unternehmen soll künstliche Intelligenzen entwickeln, die anschließend der gesamten Menschheit dienen. Elon Musk und auch andere Investoren stellten dafür insgesamt eine Milliarde US-Dollar zur Verfügung. Im Juli 2016 wurde das Unternehmen Neuralink gegründet, das Möglichkeiten zur Vernetzung des menschlichen Gehirns mit Maschinen untersucht. Im März 2017 wurde dann seine Beteiligung an Neuralink bekannt. Gleichzeitig betonte man, dass das Forschungsvorhaben sich bislang noch im Anfangsstadium befindet.

Ende 2016 kündigte Elon Musk via Twitter ein Projekt an, um den innerstädtischen Verkehr mithilfe eines Tunnelsystems unter die Erde zu verlegen. Zur Umsetzung seines Vorhabens rief er dafür The Boring Company ins Leben. Unter anderem beabsichtigt er mit dem Unternehmen den Bau eines Hochgeschwindigkeitstunnelsystems im Raum Los Angeles, an das auch benachbarte Städte angeschlossen werden sollen. Außerdem plant The Boring Company Hyperloop-Tunnelverbindungen zwischen den Städten New York, Philadelphia, Baltimore und Washington.

Bis zu diesem Punkt hatte alles, was Elon Musk anfasste, im weiteren oder engeren Sinne mit Technik zu tun. Im März 2018 allerdings wurde bekannt, dass Elon Musk ein Medienunternehmen namens *Thud* oder *Thud!* gegründet hat – und das fiel dann doch etwas aus dem Rahmen. Es soll nämlich im Bereich Comedy tätig werden. Dazu habe Musk bereits 2017 begonnen, Mitarbeiter der Satirewebsite *The Onion* abzuwerben, die seitdem in Los Angeles im Verborgenen am Aufbau des Unternehmens arbeiten.

Bei allem, was man über Musk und seine Unternehmungen in Erfahrung bringen kann, zeigt sich jedoch immer wieder eines: seine schon eingangs erwähnte extreme Willenskraft. Anders ist es wohl kaum möglich, über nun schon Jahrzehnte immer Neues anzuschieben und es zum Erfolg zu bringen. Vermutlich ist aber eine Zusammenarbeit mit Musk für viele Menschen eine äußerst schmerzhafte Erfahrung. Vor allem, wenn jemand etwas von ihm will, zeigt er immer wieder seine narzisstische Seite. Überliefert ist zum Beispiel der Fall einer langjährigen und sehr engen Mitarbeiterin, die Musk um eine Gehaltserhöhung bat – und darauf umgehend hinausgeworfen wurde. Weil Musk diese Bitte einfach unmöglich fand.

Merkte etwa ein anderer Mitarbeiter an, er fühle sich durch die Vielzahl der ihm übertragenen Aufgaben überfordert, dann reagierte Musk darauf mit Antworten wie »Ich bin der CEO dieser Firma, ich übernehme deine Aufgaben ab sofort mit« – ein weiteres Zeichen für eine extreme Persönlichkeit und eine extreme Willenskraft.

Noch ein anderes Beispiel: Ein Angestellter erklärte seine Abwesenheit bei einer Firmenveranstaltung damit, er habe die Geburt seines Kindes miterleben wollen. Die Antwort Musks erhielt er in Form einer knappen Mail: So etwas sei keine Entschuldigung. Musk sei extrem von ihm enttäuscht. Der Mann müsse klären, wo seine Prioritäten lägen. Man verändere schließlich gerade die Welt und die Geschichte – entweder er sei dabei oder eben nicht. Letztlich nimmt ein Elon Musk jede Behinderung von Fortschritt persönlich. Sagt ihm ein Mitarbeiter, ein bestimmtes Anliegen sei unmöglich, dann erntet dieser sicher keine Zustimmung, sondern läuft vielmehr Gefahr zu fliegen. Hat er Glück, fliegt er nur aus dem Büro, hat er Pech, fliegt er gleich ganz aus dem Unternehmen. Erfüllt jemand die Anforderungen des Chefs nicht, übernimmt der mitunter dann eben die Aufgabe selbst – und löst die Probleme.

Das macht einen Menschen wie Elon Musk zu einer Art Motor für sein Unternehmen, in dem die Mitarbeiter arbeiten wie verrückt, um mithalten oder den Anforderungen gerecht werden zu können.

Was man zu Elon Musk aber auch sagen muss: Der Mann ist ein Marketinggenie. Das wird deutlich an dem von ihm vorangetriebenen Raketenprojekt, über das Medien weltweit in aller Ausführlichkeit berichteten. Und das, obwohl Fachleute sich einig sind, dass die genutzten Technologien an sich gar keine dramatische Neuentwicklung darstellen. Musk jedoch hat die Fähigkeit, das Thema Space plötzlich wieder trendy und sexy zu machen. Genau wie sein Vorantreiben der Elektromobilität verbirgt sich dahinter nicht zuletzt wieder der absolute Wille des Machers Musk.

Zu einem Elon Musk gehört aber noch mehr. Etwa eine sicherlich anzunehmende Hochbegabung, die in gewissem Sinne autistisch geprägt ist. Musk zählt zu jenen Menschen, die Zusammenhänge extrem schnell verstehen. Auch wenn er das jeweilige Fach nicht einmal studiert hat, versteht er es einfach. Auf der anderen Seite versteht er dann aber nicht, dass seine Mitarbeiter es nicht so schnell verstehen wie er selber.

Wie einst Caesar: Den Rubikon überschreiten

Im Rahmen des Rubikonmodells von Heckhausen haben wir mit unserer Entscheidung für die sportliche Betätigung den Rubikon überschritten. Diesen Satz vom Überschreiten des Rubikons haben wir alle schon einmal gehört, nur die wenigsten von uns werden jedoch vermutlich wirklich wissen, was sich ursprünglich hinter der Formulierung verbarg. Tatsächlich reicht die Geschichte des Satzes zurück bis in die Zeit des römischen Reiches. Denn zu jener war der Rubikon ein Grenzfluss zwischen der römischen Provinz Gallia Cisalpina und Italien.

Bekannt wurde der Rubikon durch den römischen Bürgerkrieg, den Gaius Julius Caesar ab dem Jahr 49 vor unserer Zeitrechnung gegen seinen Widersacher Gnaeus Pompeius Magnus führte. Der Römische Senat beschloss am 7. Januar des Jahres, dass Caesar sein Heer entlassen und seine Befehlsgewalt für Gallien und Illyrien niederlegen müsse, ehe er erneut als Konsul kandidieren dürfe. Daraufhin überschritt Caesar am 10. Januar vor Christus mit seinen Truppen den Rubikon. Die bewaffnete Überquerung des Flusses in Richtung Süden – und damit in Richtung Rom – war gleichbedeutend mit einer Kriegserklärung an den Römischen Senat. Caesar war sich bewusst, dass es ab diesem Punkt kein Zurück mehr gab. Genau das brachte er auch in dem berühmten Zitat *alea iacta est* – wörtlich »Die Würfel sind gefallen« – zum Ausdruck.

Und dies ist auch der Hintergrund des Begriffes Rubikonmodell. Als Caesar sich entschieden hatte, war der *Point of no Return* erreicht, es gab keinen Weg mehr zurück. Ein Ende hatten damit auch jegliche Überlegungen gefunden, ob dieser Schritt richtig oder vielleicht doch ein Fehler sei. Alle Handlungen waren fortan darauf gerichtet, wie der Bürgerkrieg gewonnen werden könnte.

In das Rubikonmodell übersetzt stehen diese geschichtlichen Hintergründe dafür, dass wir nach der motivationalen Phase und der an ihrem Ende stehenden Entscheidung in einen neuen Abschnitt unseres Handelns übergehen. An diesem Punkt ändert sich unser Verhalten und ebenfalls unsere Art der Informationsverarbeitung. Tauchen nun Informationen auf, die gegen das geplante Vorhaben sprechen, werden diese quasi ignoriert. Hätten wir bei unseren Gedanken an die sportliche Zukunft etwa gehört, dass es am kommenden Tag regnen solle, dann hätten wir darauf eventuell noch in der Form reagiert, dass auch Wetterkapriolen gegen ein tägliches Lauftraining sprächen. Haben wir uns nun jedoch entschieden, werden wir wahrscheinlicher sagen, ein paar Tropfen können so schlimm nicht sein. Wir nehmen also Informationen vor allem so auf, dass sie unsere getroffene Entscheidung noch einmal unterstützen. Aus diesem Grund spricht man nach dem Überschreiten des Rubikon nicht mehr von Motivation, sondern von *Volition*. Es geht nicht mehr um die Frage, ob und warum wir etwas machen. Stattdessen tritt die Frage in den Vordergrund, wie wir es tatsächlich schaffen. Dabei spielen wiederum verschiedene Handlungskontrollprozesse eine Rolle.

Diese lassen sich aus der Theorie der Handlungskontrolle des deutschen Psychologieprofessors Julius Kuhl ableiten[45]. Unter Handlungskontrolle versteht man in der modernen Volitions-Psychologie Prozesse, die eine aktuelle oder sich anbahnende Intention gegen konkurrierende Motivationstendenzen abzuschirmen. Der Begriff wurde von Kuhl selbst in den frühen Achtzigerjahren eingeführt.

In unserem Fall geht es um Aufmerksamkeits- und Enkodierungskontrolle – der Mensch fokussiert sich nur noch auf Faktoren, die dem Erreichen des Zieles dienen. Daneben spielt in dieser Phase auch eine Motivationskontrolle eine Rolle, bei der der Mensch sich immer wieder bewusst macht, warum er eigentlich tut, was er gerade tut. Wir sagen uns beispielsweise, dass wir Sport treiben, weil es gut für unsere Gesundheit und den gesamten Körper ist. Die positiven Aspekte werden also noch einmal deutlich hervorgehoben.

Ein weiterer wichtiger Aspekt findet sich in Form der Emotionskontrolle. Positive Aspekte der Entscheidung lassen sich nämlich emotional zusätzlich unterstützen – etwa wenn wir vor beziehungsweise während unserer sportlichen Tätigkeit Musik hören, die uns gefällt und uns somit emotional unterstützt. Noch ein weiterer Punkt in dieser Phase, in der es um das Handeln und damit die reale Umsetzung des mit Willenskraft zu erreichenden Zieles geht: Dieser Punkt lässt sich als strategische Umgestaltung der Umgebung beschreiben, wir können also etwa unsere Sportschuhe an die Haustür stellen, damit wir schon beim Heimkommen an unser Vorhaben erinnert werden.

Die Phasen der Volition

Die volitionale Phase wird in mehrere Unterphasen[46] unterteilt.

Prädezisionale Phase

In dieser ersten Phase ist noch keine Entscheidung getroffen. Es geht also um die noch nicht realisierten Wünsche, vor allem um das Abwägen der Vor- und Nachteile. Und es geht darum, ob die bei einem Erreichen des Zieles wahrscheinlichen Folgen wirklich gewünscht sind, beziehungsweise die Möglichkeit des Erreichens eines Zieles genau zu überdenken. Letztlich geht es darum, zu einer Entscheidung zu kommen, ob ein Weg wirklich eingeschlagen werden soll.

Präaktionale Phase

Diese Phase gilt als präaktional, wir sind also noch gar nicht damit beschäftigt, unser Vorhaben tatsächlich auszuführen. Wir treiben also noch gar nicht Sport, befinden uns vielmehr beispielsweise noch auf der Arbeit und denken erst an den geplanten Sport. Wir prüfen quasi, ob es anschließend möglich ist, das Geplante real durchzuführen. Haben wir die benötigte Zeit, steht uns geeignetes Equipment zur Verfügung?

Aktionale Phase

Erst wenn alle Fragen positiv beantwortet sind, dann gehen wir in die nächste Teilphase über, die aktional und vom eigentlichen Handeln geprägt ist. Nun also gehen wir wirklich joggen und setzen unsere Willenskraft beziehungsweise Volition in die Tat um.

Postaktionale Phase

Ist diese Handlung schließlich abgeschlossen, dann gehen wir erneut in eine motivationale Phase. In dieser Phase geht es nun um die Bewertung. Wir benötigen an diesem Punkt keine Willenskraft mehr, da diese uns ja bereits erfolgreich an das gesetzte Ziel geführt hat. Die Informationsaufbereitung wird nun wieder unparteiischer und wir bewerten rational die Ergebnisse. Wir stellen uns also die Frage, ob das Training angenehm war, wir überprüfen, wie wir uns fühlen. Überwiegen letztlich die Empfindungen, die uns sagen, die sportliche Betätigung ist gut für uns und unseren Körper? Vor diesem Hintergrund können wir schließlich bewerten, was wir als Nächstes machen wollen – ob wir also auch am nächsten Tag wieder Sport machen.

Normalerweise laufen immer mehrere dieser Volitions-Prozesse gleichzeitig ab, die sich auf unterschiedliche Pläne und Vorhaben beziehen. Jeder dieser Prozesse wird sich außerdem in unterschiedlichen Stufen seiner Entwicklung befinden.

Immer aber lässt sich sagen, dass speziell das Rubikonmodell den gesamten Prozess einer Handlung abbildet. Es ist eine sehr gute Vorhersage für menschliches Verhalten, besonders in dem Zusammenhang, dass sich das Verhalten nach getroffener Entscheidung und dem Überschreiten des Rubikon verändert. Der Betreffende bekommt nach der Entscheidung auch subjektiv das Gefühl, die Handlungsergebnisse besser kontrollieren zu können.

Die fünf Kompetenzen der Volition

Das alles führt letztlich zu der Frage, was Volition uns im Arbeitsumfeld bringen kann, warum das Thema gerade in unserer Zeit wieder an die Oberfläche gespült wird. Denn bekannt ist das Thema Volition wie gesagt seit den Arbeiten über den Willen von Narziss Ach im frühen zwanzigsten Jahrhundert. Doch gerade in der heutigen Praxis kommt das Thema in Gesprächen mit Managern immer wieder zur Sprache, die trotz widriger Rahmenbedingungen, großer persönlicher Risiken und Rückschläge klare Ziele entwickeln und sie anschließend konsequent umsetzen. Es geht hier um die eigene, selbstgesteuerte Durchsetzungskompetenz und Umsetzungsstärke.

1. Fokussieren

Am Anfang des damit verbundenen Prozesses steht als erste Kompetenz die Fähigkeit, das Wesentliche zu erkennen und sich darauf voll zu fokussieren. Eine solche Fokussierung ist nur möglich, wenn die Menschen ein Wertesystem besitzen, das wie ein Kompass wirkt und dadurch das Setzen von Prioritäten erst ermöglicht.

2. Energien erzeugen

Die zweite Kompetenz der Volition besteht in der Fähigkeit, eigene und fremde Gefühle so zu beeinflussen, dass sie mehr mentale Energie erzeugen, als sie verbrauchen.

Die Gedanken- und Gefühlswelt erfolgreicher Menschen kreist vor allem um die Zukunft. Sie grübeln nicht lange über emotionale Belastungen oder zwischenmenschliche Konflikte. Vielmehr lösen sie kreativ emotionale Probleme und sie versetzen sich selbst sowie andere in eine positive, produktive Stimmung.

3. Planen und Probleme lösen

Die dritte volitionale Kompetenz ist die Fähigkeit und Bereitschaft, vorausschauend zu planen und Probleme zu lösen. Viele Menschen leiden unter Problemen, ohne diese jedoch zu lösen. Sie denken, diese Probleme seien etwas, das ihnen von anderen oder von außen auferlegt wurde. Zudem handeln sie erst, wenn es nicht mehr anders geht. Sie schieben die Lösung von Problemen ständig hinaus, bis diese so groß sind, dass sie kaum noch lösbar erscheinen.

4. Selbstvertrauen und Zielorientierung

Der amerikanische Autor und NLP-Trainer Tony Robbins bezeichnet folgendes Verhalten als »Niagara-Syndrom«: Der Mensch lässt sich so lange auf einem Fluss mit dem Strom dahintreiben, bis die

Strömung zu einem wirklichen Problem wird und man unweigerlich abstürzen wird[47]. Ganz anders handeln erfolgreiche Menschen: Sie antizipieren mögliche Probleme und bereiten sich darauf vor; sie investieren also in die Zukunft und verbessern ihre Problemlösungsfähigkeiten. Das führt zur vierten Volitions-Kompetenz. Dabei geht es um die Fähigkeit, das eigene Selbstvertrauen zu stärken, Ziele und Problemlösungen durchzusetzen. Ein Großteil der Menschen glaubt, Selbstvertrauen sei eine angeborene oder spätestens in der Kindheit und Jugend ausgeprägte, unabänderliche Charaktereigenschaft. Neuere Forschungsergebnisse zeigen dagegen, dass Selbstvertrauen erlernbar ist, wenn der Mensch systematisch drei physiologisch nachgewiesene Grundbedürfnisse befriedigt: die Wünsche nach Zugehörigkeit, Anerkennung und Kontrolle. Dieses Lernen funktioniert jedoch nicht von heute auf morgen, es funktioniert dann, wenn wir es systematisch trainieren.

5. Zielbezogene Selbstdisziplin

Die fünfte volitionale Kompetenz ist die zielbezogene Selbstdisziplin. Gemeint ist damit nicht ein selbst auferlegter Zwang, der ohnehin selten über längere Zeit anhält. Worum es geht, wird vielmehr klar, wenn wir uns die Frage stellen, ob wir uns lieber von einem Arzt behandeln lassen würden, der seinen Beruf allein wegen des Geldes und des Prestiges ausübt, oder ob wir einen Mediziner bevorzugen, der aus innerer Überzeugung handelt. Die Antwort ist vermutlich eindeutig und die Frage lässt sich auch auf andere Bereiche anwenden. Erfolgreiche Menschen erkennen nämlich den tieferen Sinn in ihrem Tun. Und weil sie aus ihrer Überzeugung heraus handeln, benötigen sie keinen Druck von außen und können sich besser auf das Wesentliche fokussieren. Zusätzlich bekommen sie Unterstützung von anderen, für die sie etwas Sinnvolles tun. Damit wiederum schließt sich der Kreis zur ersten Kompetenz der Volition. Und wie schon beschrieben sind Motivation und Volition keine Gegensätze. Beide ergänzen sich vielmehr.

12

Warum Menschen wählen, wie sie wählen: Der Wunsch nach einfachen Wahrheiten

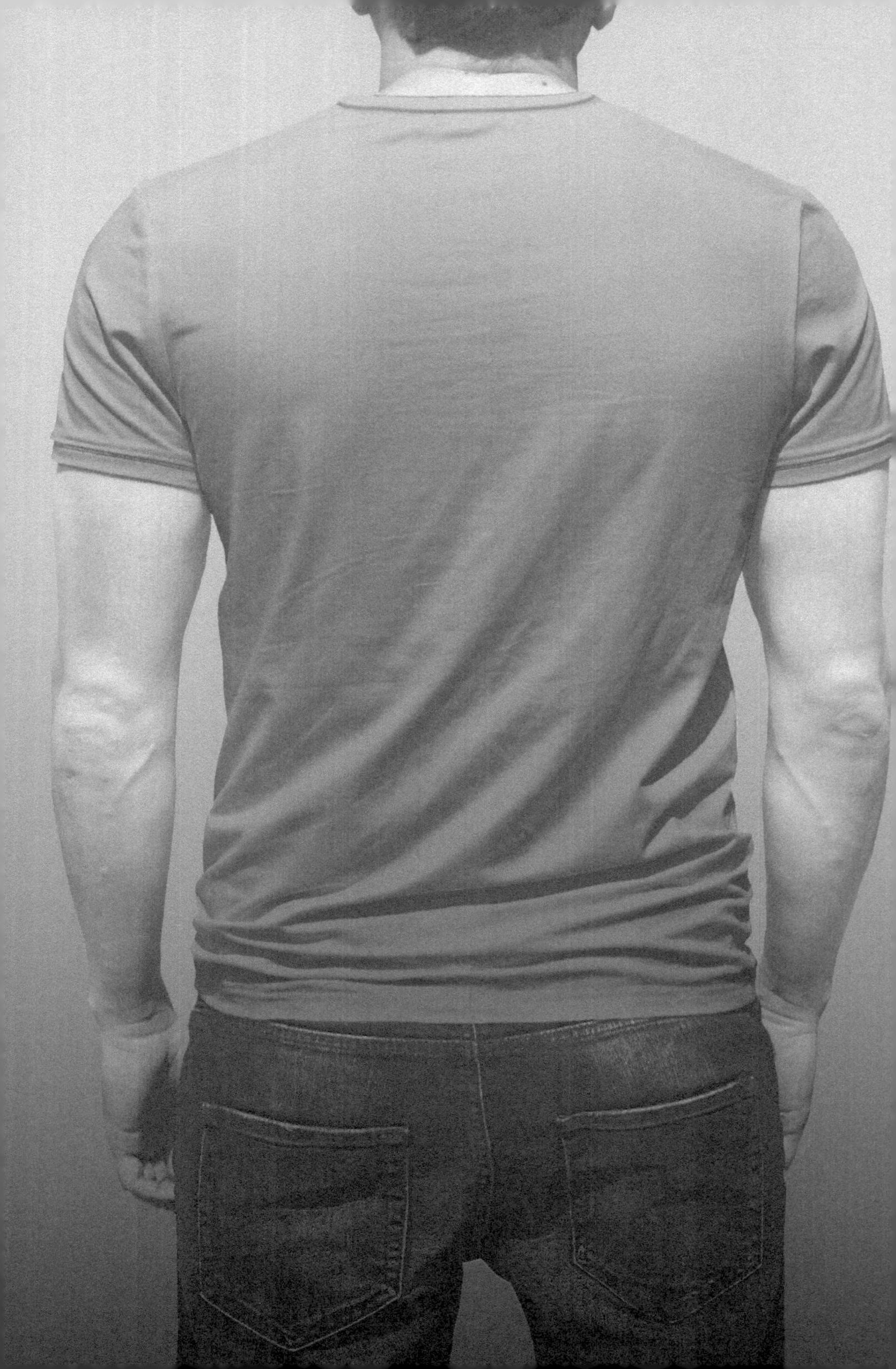

Ein Beispiel, das die bisher in diesem Buch beschriebenen Zusammenhänge noch einmal deutlicher macht: Vor einigen Jahren baute ein internationaler Elektronikkonzern am Standort München zahlreiche Stellen ab. Natürlich war das ein Thema für die Medien und so gab es immer wieder Journalisten, die gekündigte Mitarbeiter befragten, wie es ihnen denn gehe. Immer wieder gab es auf die entsprechenden Fragen äußerst emotionale Antworten. Man habe ja Familie, man wisse nicht, wie es jetzt weitergehen solle. Das zeigte, welche große Rolle der Punkt *Certainty* (aus dem SCARF-Modell), die Sicherheit, für berufstätige Menschen spielt. Und genau diese Certainty hat sich in der Vergangenheit deutlich verändert, ist zurückgegangen. In den Achtzigerjahren hatten die Menschen noch ein Gefühl von dieser Sicherheit. Man lebte gut, es war alles da. Das Öl floss, Energie oder Umwelt waren noch nicht wirklich Themen. Heute haben wir eine Situation, in der wir immer wieder hören, wir könnten diese Welt nur erhalten, wenn wir weniger konsumieren und insgesamt bescheidener leben. Genau das aber sagt niemand auf der politischen Bühne deutlich. Stattdessen formt Donald Trump den Slogan »America first« und dreht den Hahn auf, damit das Wahlvolk keine Einschränkungen bemerkt. Doch Trump steht nicht allein da. Die aktuell mächtigen beziehungsweise erfolgreichen Politiker verkaufen einfache Wahrheiten. Solche Wahrheiten lassen sich einfach konsumieren – und es geht nicht wirklich darum, ob die gemachten Versprechungen irgendwann auch einmal eingelöst werden.

Auf der politischen Seite lässt sich in der jüngeren Vergangenheit feststellen, dass es bei Wahlkämpfen, wie schon beschrieben, immer mehr um Einzelpersonen geht. Immer weniger jedoch um Parteien und deren Programme. Heute wählen die Menschen eben nicht die Programme, sie wählen die Gaulands und die Weidels dieser Welt, sie wählen die Söders oder wen auch immer. Weil sie die Aussagen realer Einzelpersonen noch verstehen können. Sich mit vielschichtigen

Themen oder auch umfangreichen Wahlprogrammen auseinanderzusetzen, das ist dagegen eine ganz andere Geschichte.

Das wiederum geht einher mit einer Entwicklung im Bereich der Medien, bei denen die Qualität der Beiträge reduziert wird. Weil man weiß: Gehen wir bei einem Thema zu sehr in die Tiefe, beleuchten wir wirklich intensiv alle Facetten, dann schalten die Menschen um, weil ihnen die Komplexität der Wahrheit zu anstrengend ist. Stattdessen setzt man auf Schnelligkeit – die Berichterstattung muss vor allem schnell sein, um das Publikum bei der Stange zu halten und ihm das Gefühl zu geben, es müsse sich nicht anstrengen.

Das hat nicht zuletzt auch etwas mit der Veränderung der Mediennutzung zu tun und mit der Veränderung dieser Nutzung bezogen auf die Generationen. Schließlich wachsen vor allem Jugendliche heute in einer vollkommen anderen Medienwelt auf, als es noch vor zehn oder zwanzig Jahren der Fall war. Lag zu Beginn des Jahrtausends der Fernsehkonsum noch vor der Nutzung des Internets, findet für Jugendliche heute medial im Grunde nahezu alles im Internet statt. Und sie surfen nicht einfach nur durch die Inhalte, wie es noch ihre älteren Geschwister oder die Eltern taten. Sie wachsen vielmehr damit auf, via Smartphone ständig online zu sein und dort auch ständig zwischen Social-Media-Angeboten wie WhatsApp, Instagram, Snapchat und Facebook zu wechseln. Wobei Facebook für diese Generation schon zum alten Eisen gehört. Tatsächlich nutzen Jugendliche heute mehr als vier (4,2) solcher Medienkanäle nahezu simultan. Erwachsene mit mehr Lebenserfahrung beziehungsweise einem höheren Alter dagegen kommen nur auf 1,6 bis 1,7 gleichzeitig genutzte Medienkanäle[48]. Das heißt: Man schreibt vielleicht auf dem Computer etwas und hört dabei eventuell noch Musik. Viel mehr aber kommt nicht zusammen.

Ich bin der Meinung, die von verschiedenen Studien geteilt wird, dass unser Gehirn gar nicht für ausuferndes Multitasking ausgelegt ist. Langzeit-Multitasking führt vielmehr zu einer Überflutung des

Hippocampus und damit vermehrt zu Fokussierungsproblemen. Denn unser Gehirn lernt immer und es lernt auch das, was es gar nicht lernen soll. Höre und sehe ich nun parallel die unterschiedlichsten Dinge, dann erlernt das Gehirn eine Unfähigkeit, sich längere Zeit auf ein Thema zu konzentrieren. ADHS als erlerntes Ergebnis von Multitasking.

Das führt einerseits zu dem bereits erwähnten Effekt, dass schnelle und einfach zu verdauende Inhalte für die Medien immer wichtiger erscheinen, um das Publikum bei der Stange halten zu können. Und andererseits führt es genau dazu, dass Personen, die das Vermitteln von kurzen und einfachen Botschaften beherrschen, so stark an Einfluss gewinnen. Weil ihre Art von den Menschen als so angenehm empfunden wird – weil sie eben nichts von den Menschen einfordert. Keine längere Aufmerksamkeit, keine Konzentration und auch kaum Nachdenken.

Das alles mag auf den ersten Blick kaum zu der grundlegenden Thematik der *Dark Leadership* passen. Meiner Meinung nach passt es aber sehr genau dazu, da all diese Fakten eine Rolle spielen, wenn wir uns mit der Frage beschäftigen, warum verstärkt Psychopathen, Narzissten und Machiavellisten heute in Führungspositionen gelangen.

13

»Lilles« Weg: Alice Weidel und der Machiavellismus

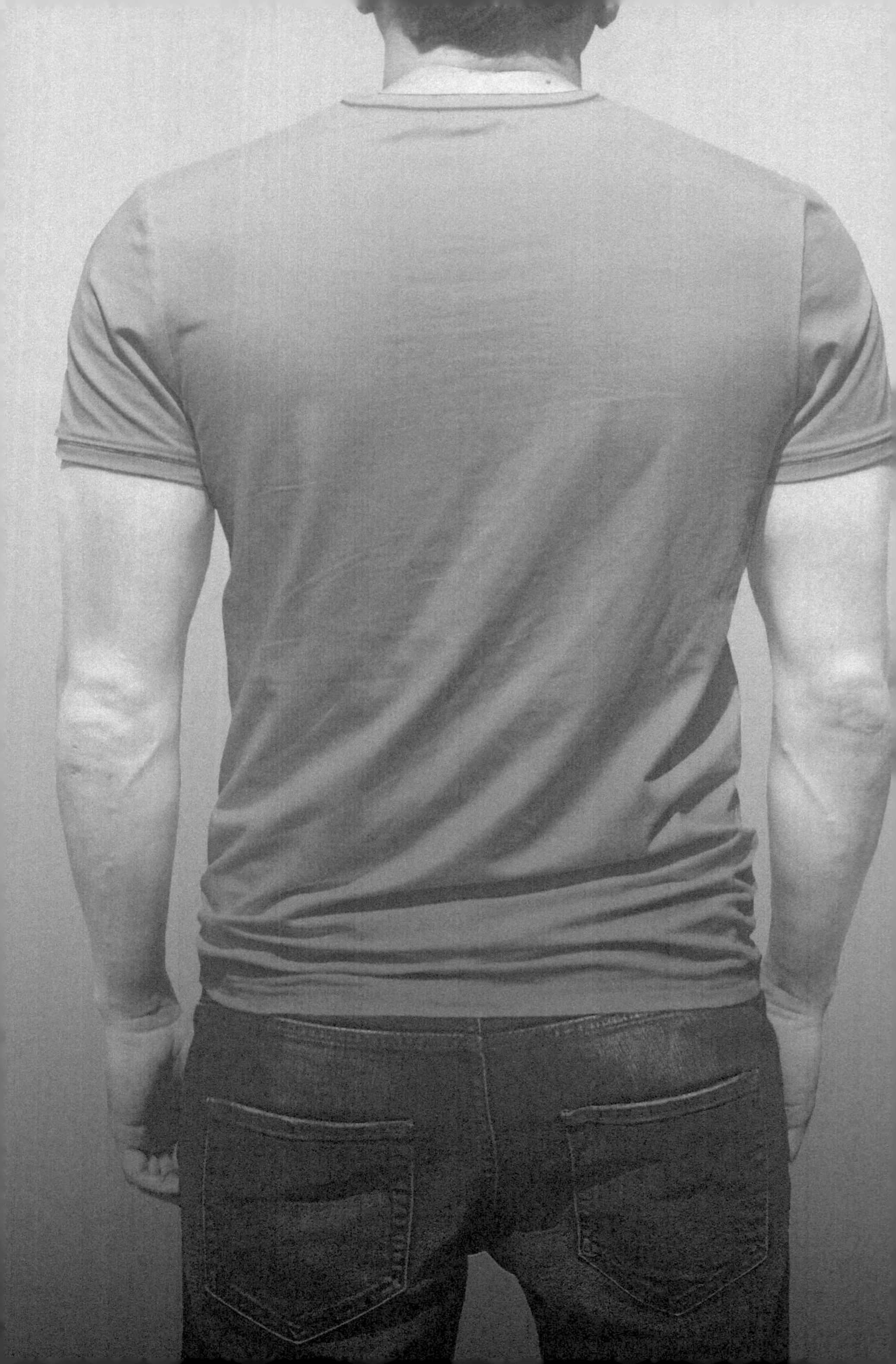

An diesem Punkt nun nähern wir uns den machiavellistischen Zügen einer Persönlichkeit, anhand derer ich weiter ausführen möchte, warum Menschen in unserer Zeit so wählen, wie sie eben wählen. Ein Beispiel für solche Personen ist etwa der mittlerweile 82-jährige ehemalige italienische Ministerpräsident Silvio Berlusconi, der seine Amtszeit weniger dem Land und dessen Bevölkerung gewidmet hat, sondern seine eigenen Interessen in den Vordergrund stellte. Donald Trump hat bisher ganz ähnlich gehandelt. Ist doch seine Aussage überliefert, er werde einen Wahlkampf machen, mit dem er Geld verdiene. Diese Menschen kalkulieren also äußerst profitorientiert und eigennützig.

Grundsätzlich ist Machiavellismus eine im 16. Jahrhundert aufgekommene Bezeichnung für eine politische Theorie, nach der zur Erlangung oder Erhaltung politischer Macht jedes Mittel, unabhängig von Recht und Moral, erlaubt ist. Benannt wurde diese Theorie nach dem 1469 in Florenz geborenen Staatsphilosophen und Politiker Niccolò Machiavelli.

Eine Person, die ich heute als lupenreine Machiavellistin einstufen würde, ist die AfD-Politikerin Alice Weidel. Innerhalb der Partei scheint man vor dieser Frau mittlerweile regelrecht Angst zu haben. Alles, was Weidel tut, erscheint messerscharf kalkuliert. Etwa wenn sie, wie kurz vor der Bundestagswahl 2017 geschehen, eine TV-Talkshow mitten in der Diskussion verlässt. Dafür, dass dieser Abgang nicht aus einer spontanen Laune heraus erfolgte, spricht unter anderem die Tatsache, dass sich Weidel kaum mehr als eine Stunde später in den Sozialen Netzwerken Facebook und Twitter mit Statements zu Wort meldete, die deutlich vorgefertigt wirkten – so, als wären sie bereits vor Beginn der Talkrunde formuliert worden.

Kehren wir zurück zum Thema Machiavellismus an sich. Der Begriff steht nicht für eine psychologische Dimension, sondern setzt sich vielmehr aus mehreren Komponenten zusammen. Er steht sicher auch dafür, dass eine Person den Kampf sucht, und zwar ohne sich große Sorgen über dessen Ausgang zu machen. Gerade vor dem Hintergrund des aktuellen politischen Geschehens ist immer zu berücksichtigen, dass es dort nicht um Freunde oder Freundschaften geht, und dass in der Politik hart gefochten wird. Eine Person, die das weiß und die das kann, kommt damit am Ende recht weit – nicht mit Vertrauen, sondern mit Austeilen.

Alice Weidel verfügt zudem über den großen Vorteil, dass sie nicht von Männern gemocht werden muss. Die Frau setzt nicht vornehmlich darauf, die Sympathien anderer zu gewinnen, sie hat ihren eigenen Stil und zieht ihn radikal durch. Das ist auf der einen Seite beeindruckend, auf der anderen Seite in gewissem Maße jedoch besorgniserregend. Überhaupt empfinde ich es persönlich als besorgniserregend, dass aktuell öffentliche Persönlichkeiten im Aufwind sind.

Alice Weidel ist jedoch nicht nur eine starke, sondern daneben eine außerordentlich widersprüchliche Persönlichkeit, was eine Einschätzung noch einmal erschwert. Betrachtet man ihren Lebenslauf, dann wirkt der zunächst wie der einer sehr begabten und im besten Sinne ehrgeizigen Frau, die ihren Weg geht und Karriere macht. Doch das ist nur ein Teil des gesamten Bildes.

Geboren wurde Alice Elisabeth Weidel im Jahr 1979. Sie wuchs im nordrhein-westfälischen Harsewinkel auf und machte 1998 ihr Abitur. Danach studierte sie Volks- und Betriebswirtschaftslehre in Bayreuth und schloss dieses Studium als eine der Jahrgangsbesten ab. Von Juli 2005 bis Juni 2006 arbeitete sie als Analystin im Bereich Vermögensverwaltung bei dem Investmentbanking-Unternehmen Goldman Sachs in Frankfurt. Anschließend schrieb Weidel ihre Doktorarbeit an der Rechts- und Wirtschaftswissenschaftlichen Fakultät in Bayreuth. Thema: Die Zukunft des chinesischen Rentensystems. 2011 promovierte sie summa cum laude – unterstützt wurde diese Promotion von der Begabtenförderung der Konrad-Adenauer-Stiftung.[49] Für ihren Forschungsaufenthalt in China erhielt sie außerdem ein Stipendium des Deutschen Akademischen Austauschdienstes sowie des Bundesbildungsministeriums. Danach arbeitete sie von März 2011 bis Mai 2013 bei der zum Versicherungskonzern Allianz gehörenden Vermögensverwaltung Allianz Global Investors Europe in Frankfurt am Main. Nach einer kurzen Station bei einem Unternehmen der Nahrungsmittelindustrie machte sie sich als Unternehmensberaterin selbstständig. In dieser Funktion war sie 2015 kurzzeitig für das Rocket Internet-Imperium der Samwer-Brüder und das Start-up Foodora tätig.

Bis zu diesem Punkt also ein recht geradliniger und erfolgreicher Lebenslauf. Die heute bei der Nennung des Namens Alice Weidel im Vordergrund stehende Laufbahn als Politikerin wiederum begann erst im Jahr 2013. Damals trat sie der AfD Baden-Württemberg bei und wurde im Juni 2015 in den Bundesvorstand der AfD gewählt. Sie ist Mitglied der Bundesprogrammkommission, deren Vorsitz sie 2016 innehatte, und leitet den Bundesfachausschuss Euro und Währung. Seit dem 26. September 2017 ist Weidel zusammen mit Alexander Gauland Vorsitzende der AfD-Bundestagsfraktion. Am 3. Dezember 2017 wurde sie vom AfD-Bundesparteitag in Hannover als Mitglied des Bundesvorstands bestätigt.

Eine Erfolgsfrau und Unternehmerin mit konservativer Gesinnung, dieses Bild wirkt noch irgendwie stimmig. Doch mit dem politischen Erfolg begannen sich die Medien verstärkt für das Phänomen Weidel zu interessieren und sie recherchierten Fakten, die vor diesem Hintergrund zumindest überraschten. Etwa der Umstand, dass sie in der Schweiz mit einer aus Sri Lanka stammenden Schweizer Film- und Fernsehproduzentin in einer eingetragenen Partnerschaft lebt, und das Paar gemeinsam zwei Söhne aufzieht. Der *Spiegel* stellte dazu im Rahmen eines Porträts die Fragen: »Wieso kandidiert eine lesbische Frau für eine Partei, die schwule Paare mit Kindern nicht für vollwertige Familien hält? Wieso verharmlost Weidel den Rassismus der AfD, obwohl ihre Lebenspartnerin aus Sri Lanka stammt, die gemeinsamen Kinder dunkelhäutig sind?« Mehr noch: Zuletzt habe die Wochenzeitung *Die Zeit* gemeldet, dass ausgerechnet die scharfe Flüchtlingskritikerin Weidel eine syrische Asylbewerberin schwarz bei sich habe putzen lassen. Und es kamen noch weitere unbekannte Hintergründe ans Licht. So will der *Spiegel* auch mit Studienfreunden und Ex-Kollegen gesprochen haben, von denen sich viele jedoch nur anonym geäußert hätten. Sie zeichneten aber das Bild einer hochintelligenten, jedoch auch zutiefst unsicheren Frau, die persönliche Schwächen durch große Härte gegen sich selbst und andere kompensiere.[50] Auch Freunde in ihrem Heimatort Harsewinkel zeichneten ein widersprüchliches Bild der von ihnen »Lille« genannten Frau. Im Abi-Jahrbuch beschreibe etwa einer ihren »dominanten Charakter«, zeichnet sie aber ebenfalls als »äußerst durchsetzungsfähig anderen gegenüber, jedoch auch sehr verletzlich«. Die *Spiegel*-Rechercheure fragten sich schließlich zusammenfassend, »mit wie vielen Widersprüchen ein Mensch leben« kann.

Und das ist dann auch etwas, was wir immer beachten müssen, wenn wir von *Dark Leadership* beziehungsweise den Dunklen Führern sprechen: Menschen sind nie genau so, wie wir uns in unserer Fantasie einen Machiavellisten oder auch einen Soziopathen vorstellen.

Vor diesem Hintergrund wiederum ist noch etwas anderes zumindest kurz erwähnenswert: Alice Weidel ist ein Frau und sie ist zudem die einzige Frau, die in diesem Buch in Zusammenhang mit *Dark Leadership* erwähnt wird. Kehren wir zurück zu den Psychopathen, dann ist dazu nämlich noch zu sagen, dass Frauen statistisch deutlich unterrepräsentiert sind. Schätzungen zufolge finden sich unter den Psychopathen nur zehn Prozent Frauen. Ursächlich dafür ist nach einer Studie des California Institute of Technology ein sogenanntes Krieger-Gen auf dem X-Chromosom. Dieses werde bei Frauen durch das zweite X-Chromosom abgeschwächt, da es im Allgemeinen nur auf einem davon vorhanden ist. Männer haben nur ein X-Chromosom und damit keine Ausgleichsmöglichkeit, wenn das Krieger-Gen vorhanden ist.

14

SOZIOPATHEN – SO ÄHNLICH UND DOCH VÖLLIG ANDERS

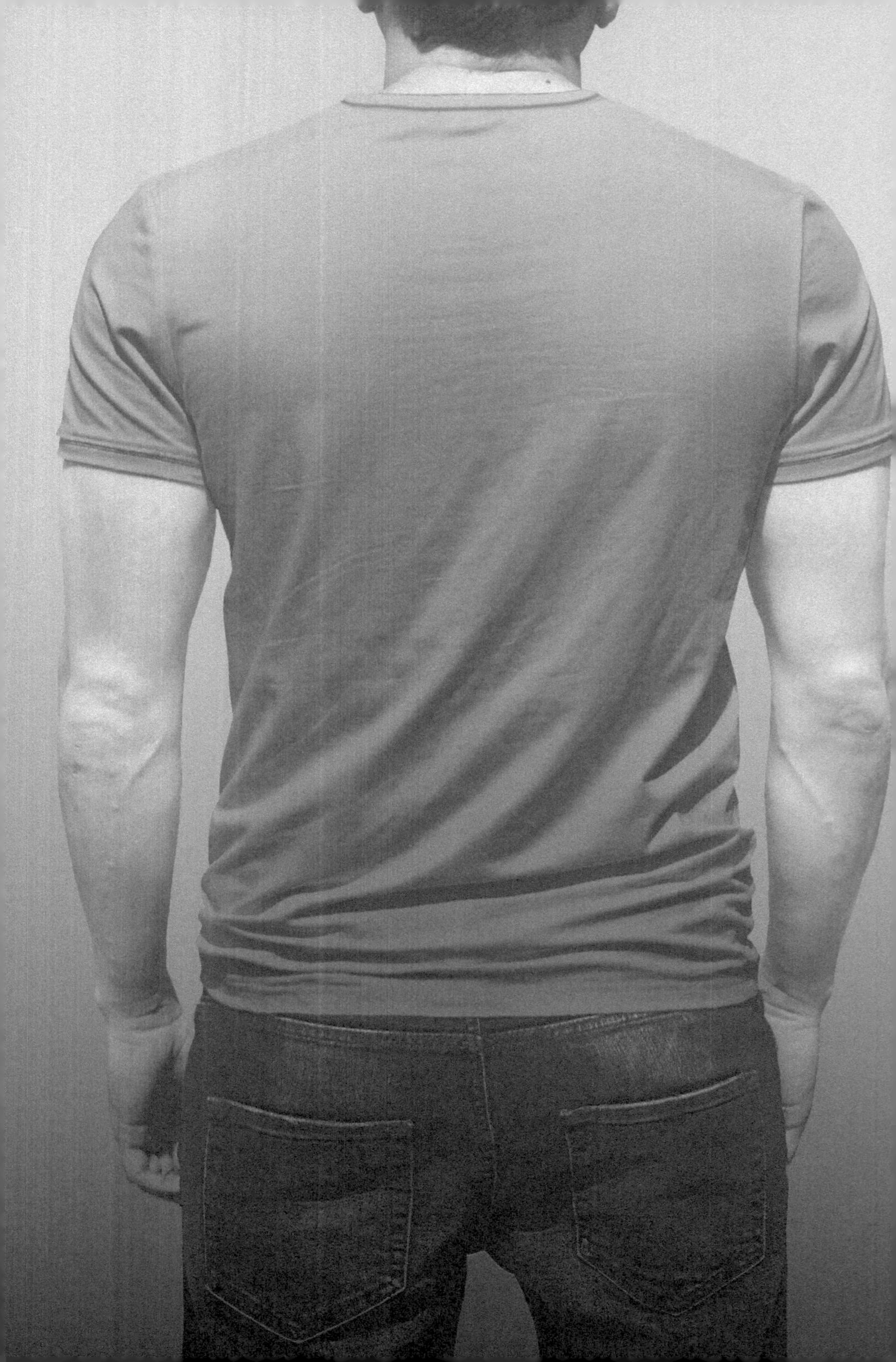

Wenn es um problematische Persönlichkeiten geht, dann denken Menschen zunächst an den Psychopathen, und fast zeitgleich an den Soziopathen. Was immer wieder zu der Frage führt, was beide denn eigentlich unterscheidet. Zum Thema Soziopathen gibt es prinzipiell zwei Auffassungen: Die einen halten Soziopathen und Psychopathen für mehr oder weniger dasselbe. Die anderen vertreten die Ansicht, da gebe es grundsätzliche und deutliche Unterschiede.

Was man jedoch auf jeden Fall sagen kann: Der Soziopath stellt eher den impulsiven Außenseiter dar. Derart geprägte Personen können ihre Gefühle nur schwer unter Kontrolle bekommen. Der Psychopath auf der anderen Seite zeichnet sich gerade dadurch aus, dass er soziale Fähigkeiten sehr gut imitieren kann. Er kann sie nicht nur imitieren, er setzt sie vor allem für seine Zwecke ein. Genau das kann ein Soziopath nicht, er ist schlichtweg anders gestrickt.

Um psychische Störungen besser einordnen und unterscheiden zu können, gibt es vor allem das Diagnostische und Statistische Manual Psychischer Störungen – einen wissenschaftlichen Leitfaden, der inzwischen in fünfter Auflage erschienen ist und daher meist nur kurz DSM-5 genannt wird. Darin wird der Soziopath als eine Person beschrieben, die schnelle und unkontrollierbare Stimmungsschwankungen aufweist, außerdem festzustellen seien Gefühlsextreme und Panikattacken. Der Soziopath gilt außerdem als unfähig, die Wirkung seines Humors einzuschätzen.

Ähnlichkeiten zum Psychopathen gibt es demnach wenn es um die Neigung zu chronischem Lügen geht. Beim Soziopathen aber ist all das mit einer Neigung zu sozialem Außenseitertum verbunden, die bis hin zur Realitätsferne reicht.

Typisch für den Soziopathen ist zudem seine Art der Kommunikation, die eher auf Emotionen denn auf Fakten basiert. Anders als dem Psychopathen wird ihm zudem häufig auch eine wehleidige Art zugeschrieben.

Die amerikanische Psychologin und Autorin Martha Stout hat in ihrem Buch *Der Soziopath von nebenan. Die Skrupellosen: ihre Lügen, Taktiken und Tricks* geschrieben, das zuverlässigste Merkmal eines Soziopathen sei dessen Betteln um Mitleid.[51] Denn deren Skrupellosigkeit zeige sich nicht in erster Linie durch das Abzielen auf unsere Furchtsamkeit, sondern vielmehr in dem Appell an unser Mitgefühl. Wenn uns diese Empfindungen von Menschen abgerungen werden, die sich als beharrlich asozial erweisen, dann sei das ein sicheres Anzeichen dafür, es mit einem solchen Soziopathen zu tun zu haben, in jedem Fall aber, dass da etwas nicht so ganz stimmt.

Letztlich lässt sich ein Psychopath recht gut mit einem Puppenspieler vergleichen. Solche Menschen versuchen sprichwörtlich, die Fäden in der Hand zu behalten. Ihr Motto lautet, sie seien eben so, wie sie sind, daher müsse der andere sich so verhalten, wie sie es wünschen. Dem Soziopathen geht es dabei darum, sein Ziel um jeden Preis zu erreichen. Starke Ähnlichkeiten mit dem Psychopathen wiederum bestehen in der sozialen Fähigkeit und darin, immer wieder auch auf Distanz zu anderen zu gehen. Immer wieder wird daneben behauptet, Soziopathen suchten Sex, und sie seien zudem diejenigen, die auf der Arbeit andere mobben. Sie seien Menschen, die Telefonterror ausübten, und sie täten einerseits so, als wollten sie in kritischen Situationen deeskalierend wirkten, schürten tatsächlich aber den Konflikt. Alles in allem sind sie also recht »schräge« Persönlichkeiten. Ein weiteres Merkmal besteht in ihren persönlichkeitsbedingten Lügen innerhalb einer Organisation aus taktischen Gründen – gemeint sind damit Lügen, die genutzt werden, um andere Menschen zu übervorteilen. Dieses Merkmal jedoch unterscheidet sich nicht so sehr vom Vorgehen etwa eines Psychopathen.

Ist eine soziopathische Persönlichkeit Teil eines Teams, das sich durch eine Art kollektiver Stärke auszeichnet, dann besitzt dieses Team die

Stärke, eventuelle Wutattacken des Soziopathen abzupuffern. Und noch einmal Martha Stout zum Wesen des Soziopathen: Sie schreibt, es reiche womöglich nicht, um Vorstandsvorsitzender eines multinationalen Konzerns zu werden, das Verhalten soziopathischer Persönlichkeiten reiche aber durchaus aus, um einigen Menschen Angst einzujagen. Vielleicht sei es ihr größter Spaß, andere dazu zu bringen, sich zu schämen. Eines ihrer Ziele bestehe zudem in existenzieller Vergeltung und genau das sei ohne ein Gewissen verblüffend leicht umzusetzen. Diese Menschen würden ihrem Chef eine kleine Lüge servieren, vergießen daraufhin ein paar Tränen, sie sabotieren das Projekt eines Kollegen, ködern einen Menschen mit Versprechungen oder streuen einfach mal ein falsches Gerücht so, dass es sich nicht zu ihnen zurückverfolgen lässt. Diese Zusammenfassung von Martha Stout beschreibt im Großen und Ganzen genau das, was Mobbing ausmacht. Soziopathen sind diejenigen, die das Mobbing quasi verinnerlicht haben. Für sie gibt es keine Teamziele. Sie sprechen nie mit anderen über sich – beziehungsweise erzählen sie Lügen, wenn sie es doch einmal zu tun scheinen. Diese Tatsache erschwert es zusätzlich, diese Menschen wirklich einschätzen zu können.

Verdeutlichen möchte ich dies einmal mehr anhand eines Beispiels. Wieder handelt es sich um einen Vorgang innerhalb eines großen Konzerns. Dort war eine Person als Assistent tätig, hatte sich in der Zentrale hochgearbeitet. Sein Vorgesetzter hatte seine schützende Hand über diesen Mitarbeiter gehalten. Die direkten Kollegen allerdings waren sich längst einig, dass es sich bei diesem Mann um eine eher schwierige Persönlichkeit handelte. Er galt als penetrant und machte nicht gerade durch Nettigkeiten auf sich aufmerksam. Vielmehr war er bekannt für seine unberechenbaren Launen, niemand wusste ihn einzuschätzen. Auch hier war auffällig, dass niemand mit dieser Person länger über Persönliches sprechen konnte. Immer wieder registrierten die Kollegen verbale Entgleisungen beziehungsweise emotional auffällige Ausreißer.

Nach einer Weile stieg der Mann jedoch trotz allem zum Teamleiter auf. Daraufhin gebärdete er sich äußerst fordernd den Kollegen gegenüber. Er wurde aber nicht nur fordernd, sondern bald auch zunehmend verletzend gegenüber seinen Mitarbeitern. Er machte sich über Menschen lustig und versuchte insgesamt schließlich alle anderen schlecht aussehen zu lassen. Was natürlich nicht dazu taugte, sich innerhalb des Unternehmens ein stabiles soziales Fundament zu schaffen. Das führte schließlich dazu, dass zunächst ein Mitarbeiter das Problem registrierte und bald weitere Kollegen um sich scharte. Diese Gruppe schaffte es schließlich, das Problem an den richtigen Stellen anzusprechen, sodass der soziopathische Teamleiter schließlich das Unternehmen verlassen musste. Dieses Beispiel zeigt eines der grundlegenden Probleme solcher Persönlichkeiten: Durch ihre Art und ihr Unvermögen, sich auf andere einzustellen, oder mit anderen wirklich kommunizieren zu können, stehen sie dann recht alleine da – und haben wenig bis keinen Rückhalt, wenn sich tatsächlich einmal andere zusammenschließen, um ihre Machenschaften offenzulegen und zu beenden.

Was beim Umgang mit Soziopathen zu beachten ist

Das alles führt zu der entscheidenden Frage: Was ist zu tun, wie sollen wir handeln, wenn wir es aller Wahrscheinlichkeit nach mit einem Soziopathen zu tun haben? Zunächst einmal möchte ich quasi als Entwarnung sagen, dass mir in der Praxis bislang eher wenige Soziopathen begegnet sind. Doch es gibt tatsächlich verschiedene grundlegende Ratschläge für den Umgang mit solchen Menschen.

Vorsicht und Skepsis

Einer lautet, dass wir vorsichtig und skeptisch sein sollten bei Menschen, die uns das Gefühl geben, sie würden gewissenlos handeln. Haben wir es mit einer solchen Person zu tun, dann sollten wir zudem sehr vorsichtig sein mit Schmeicheleien von deren Seite, und wir sollten nicht auf diese Schmeicheleien hereinfallen. Wir sollten immer auch aufmerksam sein, wenn wir das Gefühl haben, es würden Intrigen gesponnen – denn das ist ebenfalls etwas, das sehr typisch ist für Soziopathen. Überraschenderweise wurde gerade dieses Thema bislang aber noch nicht sehr ausführlich untersucht.

Dem Soziopathen aus dem Weg gehen

Insgesamt ist der beste Weg im Umgang mit einem deutlich soziopathisch geprägten Charakter die, diesem aus dem Weg zu gehen und die Kommunikation mit ihm abzulehnen. Ist eine Kommunikation aber unvermeidlich, dann müssen wir unsererseits nicht sehr vorsichtig in dem sein, was wir selbst äußern. Vielmehr könnte das Motto lauten: Es ist nicht nötig übervorsichtig darauf zu achten, ob unsere Worte einen Soziopathen eventuell verletzen können – denn der würde es vermutlich gar nicht mitbekommen, weil er so sehr auf sich selbst fokussiert ist.

Kein Mitleid

Auf der anderen Seite aber sollten wir aufpassen, wenn wir Mitleid mit einer soziopathischen Person empfinden. Denn das könnte schlussendlich dazu führen, dass der Bemitleidete unsere Emotionen für seine Zwecke auszunutzen versucht.

Am Ende des Themas Soziopathie noch ein grundlegender Unterschied zwischen diesen Personen und den Psychopathen. Experten vermuten heute, dass Soziopathie vor allem das Resultat gewalttätiger oder verarmter Beziehungen in der frühen Kindheit ist – diese Menschen haben dadurch nie lernen können, ihre Gefühle zu regulieren. Psychopathie dagegen hat keinen solchen Auslöser, vielmehr ist die Ursache vermutlich genetischer Natur: Bestimmte Gehirnareale, etwa die für Mitgefühl und Impulskontrolle, sind bei ihnen von Geburt an unterentwickelt. Psychopathen sind also von Anfang an das, was sie sind, Soziopathen werden erst zu solchen gemacht.

Lässt sich Soziopathie also behandeln oder gar heilen? Tatsächlich gibt es Behandlungsmöglichkeiten für Soziopathen. Der wichtigste Faktor dieser Behandlung besteht allerdings darin, dass der Soziopath sein Verhalten reflektieren kann und selbst als problematisch definiert. Weil Schuldgefühle ihm jedoch wenig bekannt sind, wird es zu einer schwierigen Aufgabe, ihm genau dies näherzubringen. Ein weiteres Problem besteht in der Beziehung zwischen Patient und Therapeut. Meist sind Soziopathen eben unfähig, enge Beziehungen zu unterhalten, und für positive Ergebnisse ist eine enge Bindung zwischen den beiden unumgänglich. Da Soziopathen von Natur aus hinterlistig sind, können sie sehr wahrscheinlich dazu in der Lage sein, den Arzt hinsichtlich ihrer Genesung zu manipulieren.

Sobald ein Soziopath aber volles Verständnis für sein Problem gewonnen hat, kann mit der Behandlung begonnen werden, deren Wirksamkeit sich jedoch von Fall zu Fall unterscheidet. Genau das ist entscheidend: immer daran zu denken, dass keine einheitliche Behandlung für Soziopathen besteht und jedem Einzelnen die Behandlung aufgrund seines Alters, medizinischer Hintergründe, der Schwere der Erkrankung und anderer möglicher Erkrankungen verordnet wird. Die antisoziale Persönlichkeitsstörung kann daher im besten Falle mithilfe von Therapien, Medikamenten oder bestimmten physikalischen Prozeduren behandelt werden. Normalerweise handelt es sich um eine Kombination von allen dreien. Es erfordert allerdings eine gute Portion Geduld und Toleranz, was Rückschläge betrifft.

15
LICHT AM ENDE
DES TUNNELS

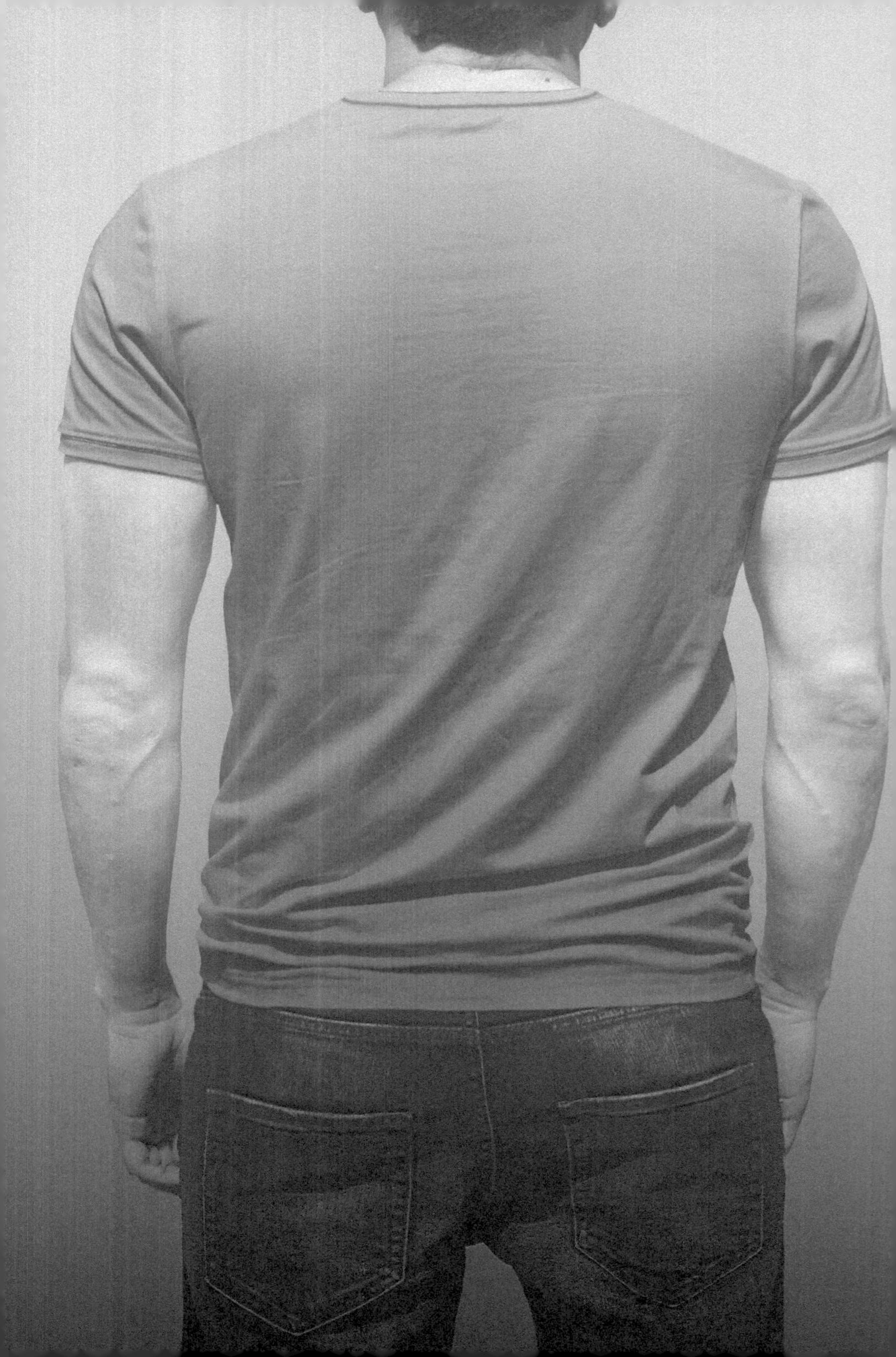

Die Gebrüder Braun

Nach all den menschlichen Negativbeispielen zum Schluss ein Blick auf die positivere Seite: Die Gebrüder Braun sind sicherlich das Gegenteil der an anderer Stelle beschriebenen Unternehmensgründer. Sie sind keine hektischen, hyperaktiven Manager. Die Zwillinge sind eher der beseelte Typ. Beide schreien zwar auch manchmal herum – allerdings schreien sie nicht ihre Mitarbeiter an, sondern den jeweils anderen Bruder. Diese Streitereien werden auch einmal öffentlich ausgetragen, sind in der Regel jedoch nach kürzester Zeit wieder vorbei, weil keiner der beiden nachtragend ist. Am Ende liegen sie sich dann doch immer wieder in den Armen – und sie finden es vor allem schön, was sie machen, und dass sie genau das machen können.

Was die Brüder machen, das ist mittlerweile über die Grenzen Deutschlands hinaus bekannt: Sie sind die Herren über das Miniatur Wunderland – einer riesigen Modelleisenbahnanlage, die mittlerweile mehr als 15 Millionen Besucher zählte und zu den beliebtesten Sehenswürdigkeiten für Touristen zählt. Dass Gerrit und Frederik Braun einmal als Modellbahn-Visionäre zu Ruhm gelangen würden, das konnte niemand ahnen, als sie am 21. Dezember 1967 in Hamburg geboren wurden – Frederik übrigens einige wenige Minuten vor Gerrit.

Schon als Kinder entwickelten die Brüder eine deutliche Sammelleidenschaft. Sie sammelten, was sich sammeln ließ. Das konnten Bierdeckel, Zigarettenschachteln, Autogrammkarten oder Comics sein. Früh morgens stromerten die neunjährigen Jungs über Flohmärkte, mit dem Ziel, Micky-Maus-Hefte möglichst günstig zu erstehen, berichteten sie einmal dem Schleswig-Holsteinischen Zeitungsverlag.[52] Die Hefte habe man für 30 Pfennig erstanden und anschließend für 50 Pfennig wieder verkauft. Sie entwickelten also einen ausgeprägten Geschäftssinn, hätten aber gleichermaßen erkannt, dass Glück das Einzige sei, das sich verdoppele, wenn man es teile. Genau das sei dann ihr Lebensmotto geworden. Die Zwillinge haben praktisch alles miteinander gemacht. In den Neunzigerjahren betrieben sie die Hamburger Disco Voilà und gründeten ein erfolgreiches Techno-Label. Im Jahr 2000 schließlich erkannte Frederik Braun beim Besuch eines Modelleisenbahngeschäftes, was er wirklich in seinem Leben erreichen wollte: nämlich gemeinsam mit dem Bruder die größte Modelleisenbahn der Welt bauen. Der allerdings musste von der Idee erst noch überzeugt werden. Gemeinsam schafften sie es schließlich, die Bank von einem Kredit über zwei Millionen D-Mark zu überzeugen, und machten sich mit anfangs 20 Mitarbeitern ans Werk.

Man kann diese beiden Männer sicher als Idealisten beschreiben, die einen Traum hatten und diesen dann umsetzten. Anders als etwa Oliver Samwer ist solchen Menschen das Geld am Ende ziemlich egal. Sie machen vielmehr immer Dinge, die sie wirklich wollen, und sie gehen sie mit echter Begeisterung an. Würde man die Gehirne solcher Personen untersuchen, dann würde man vermutlich darauf stoßen, dass sich diese Gehirne in einem recht angenehmen und entspannten Zustand befinden. Dieser Zustand und die damit verbundenen Wünsche beziehungsweise Ideen der Brüder Braun führen dann zu Ideen, die auch die Wünsche vieler anderer Menschen befriedigen und auf diese Weise den Zwillingen dann eben großen Erfolg bescheren.

Die Tatsache, dass es sich bei den beiden um Zwillinge handelt, sollte in diesem Zusammenhang nicht unterschätzt werden: Da sind zwei Menschen, die einander einfach haben – sie sind sozusagen nie wirklich alleine. Was viele *Dark Leader* sicher nicht von sich behaupten können.

Disruptive Hipster in der IT-Branche

Eine Gruppe von IT-Architekten sollte die strategische Transformation eines international agierenden Finanzdienstleisters von der

IT-Seite aus möglich machen. Ich wurde von der HR-Abteilung kontaktiert und mir wurde erklärt, dass in diesem Bereich große Probleme bestünden. Der Chef sei speziell und ich solle mir lieber selbst ein Bild machen und das Team kennenlernen. Der HR-Business-Partner merkte an, dass in der Zusammenarbeit mit mir der ausdrückliche Wunsch des Bereichsleiters nach einem Kommunikationstraining bestünde, damit das Team die Konflikte innerhalb der Organisation besser handhaben können. Außerdem wurde auf meinen Wunsch hin vereinbart, dass mit dem Bereichsleiter ein Zielklärungsgespräch erfolgt und Interviews mit den Teammitgliedern durchgeführt werden. Das wurde akzeptiert.

Der erste Kontakt

So habe ich mehrfach versucht, mit dem Bereichsleiter der IT-Transformation einen Termin zu finden, was sich umständlicher gestaltete, als ich zunächst annahm, schließlich aber mit der Hilfe der HR-Abteilung klappte.

Man leitete mich in ein Büro. Hier sollte ich auf einem roten Sofa Platz nehmen. Nach 30 Minuten kam der Bereichsleiter der IT-Transformation endlich vorbei, hatte unseren Termin nicht auf dem Schirm, nahm sich aber trotzdem kurz Zeit: »Ohne uns geht die Transformation nicht. Ich habe die besten Leute, von Google, Apple oder Start-Ups geholt, junge Spezialisten, die kennen sich mit Technologie und disruptive Change aus. Hier im Haus bekommen die nichts hin. Die Manager lassen immer nur die Externen arbeiten. Ohne die würde gar nichts laufen. Sprechen Sie mit meinem Team! Wir brauchen einfach bessere Kommunikationsfertigkeiten. Mein Team wird gecrushed. Machen Sie sich ein Bild. Ich habe den direkten Draht zum CTO, damit schaffe ich das nötige Gewicht, um unser Thema im Unternehmen durchzusetzen.«

Ich solle im Anschluss an unser Gespräch mit zwei Teil-Projektleitern Vorgesprächstermine mit dem Team vereinbaren.

Als ich zwei Wochen später zu dem vereinbarten Termin mit einem Teil-Projektleiter erschien, reagierte man überrascht, nachdem ich den Teil-Projektleiter angerufen hatte: »Wir haben einen Termin? Und Sie sind schon im Haus? Bitte warten Sie, ich muss nur was klären.« Kurze Zeit später erschien ein junger Mann mit Hipster-Bärtchen und holte mich am Empfang ab: »Sorry, ist turbulent gerade. Heute sind auch nur vier oder fünf Mitarbeiter hier. « Ein sehr internationales Team, aus einem Spanier, einem Franzosen, einem Italiener, und einem Deutschen.

In den Gesprächen stellte sich schnell heraus, dass sich die Mitarbeiter allesamt ausgenutzt fühlen und für gewöhnlich einen ganz anderen Arbeitsstil bevorzugen würden. Das Unternehmen würde nur bremsen und blockieren, so der Grundkonsens: »Das kennen wir von Google nicht. Der Bereichsleiter sei mit vielen Managern im Konflikt, dockt nicht an, schmiedet keine vernünftigen Allianzen«.

Der Bereichsleiter hätte ein Manifest ausgeteilt, damit alle wüssten, was wichtig sei und von ihnen erwartet würde. Im Inhalt fanden sich Sätze, wie »die Arbeit, die eine Maschine machen kann, darf kein Mensch mehr machen«, »nur mit Schmerz gibt es Erfolg«, »Kontrolle ist Illusion« ... Die Mitarbeiter drängten auf Maßnahmen, die den Zusammenhalt des Teams stärken würden. Ein Kommunikationstraining erachtete niemand als sinnvoll. Daraufhin bemühte ich mich erneut um den Kontakt mit dem Bereichsleiter, um einen Termin für ein Gespräch über mein erstes Zwischenfazit aus den bisherigen Sitzungen zu vereinbaren. Er ging nicht an sein Handy und zwar über mehrere Tage. Dann eine kurze Nachricht, ihm sei sein Smartphone vom Schiff ins Wasser gefallen.

Den Kontakt in das Unternehmen, vielmehr zu dem Team, hielt ich nun mithilfe der HR aufrecht. In der zweiten Gesprächsrunde ergaben sich ähnliche Aussagen. Der Bereichsleiter sei unfähig für Empathie. Dem ein oder anderen »wichtigen« Hipster-Bärtchen in diesem Unternehmen war das jedoch egal: »Hier geht es um disruptive Change! Das verstehen nur ganz, ganz wenige!«

Während eines Gesprächs vertraute mit ein Mitarbeiter an, er habe noch nie so viel geweint, wie im letzten Jahr, seit er in diesem Team arbeite. »Ich versuche den Kontakt zu den anderen Abteilungen im Haus zu halten. Die Leute hier sind genial, ich verstehe nicht alles, was die tun, aber menschlich sein, ist anders.«

Auf dem Flur erzählte mir ein Kollege aus dem Controlling von einem Cost Cutting Program , das im Unternehmen ausgerufen wurde und, dass der Bereichsleiter IT-Transformation nach wie vor die teuersten Mac Books für sein Team bestellen würde. Er besäße gar die Frechheit vor dem CFO zu äußern, dass dies das mindeste sei, was seine Leute verdient hätten. Das kam beim Management natürlich nicht gut an.

Einschätzung

Die Ergebnisse meiner Interviews zeigten deutlich, dass die Manipulationen des Bereichsleiters Früchte getragen hatten. Dieses Team glaubte doch tatsächlich großartig zu sein, obgleich es vollkommen verwahrlost war. Das ist die einzige Gratifikation seines Team, zu der der Bereichsleiter fähig war. Zusammenhalt und Kommunikation – Fehlanzeige!

Ich erreichte den Bereichsleiter wieder nicht, um das weitere Vorgehen abzustimmen. Diagnostisch konnte dies zu diesem Zeitpunkt verschiedene Ursachen haben. Ich wägte ab und stellte fest, es mit einer leicht psychopathischen/soziopathischen Persönlichkeit, mit narzisstischen Anteilen, zu tun hatte. Kurz darauf erhielt ich von Ihm die Information, dass er sich in den USA auf Kongressen befände und sich dort mit mit verschiedenen Firmenvertretern zu

Gesprächen getroffen habe. Das Abtauchen hatte also seine Gründe. Das Handy war nicht im Meer versunken.

Meine Empfehlung an das Unternehmen war folgende: Dieser Bereichsleiter wird sich meiner Einschätzung nach, nie ändern und in diesem Konzern auf Dauer auch nicht halten können. Es zeigten sich zu viele »Abstoßungsreaktionen« seinerseits, z.B. in Form seiner unerschrockenen offensiven, kulturellen Normverletzungen. Er hatte bereits zu viele einflussreiche Personen vor den Kopf gestoßen und keine stabilen politischen oder freundschaftlichen Koalitionen im Unternehmen schaffen können. Hier braucht es eine neue Führungspersönlichkeit, der die Organisation versteht und das politische Klavier besser bespielen kann. Niemanden der nur auf den CTO angewiesen ist. Sein Team braucht zudem eine Teamentwicklungsmaßnahme und einen neuen Stil in der Zusammenarbeit.

So ist es dann auch umgesetzt worden.

Die Intervention

Der soziopathische Bereichsleiter wurde mit dem goldenen Handschlag abgelöst und durch einen emotionalen, erfahrenen südländischen Manager aus dem Unternehmen ersetzt.

In der weiteren Teamentwicklung fokussierte ich emotionale Momente zum besserem persönlichen Kennenlernen mit Outdoor-Elementen, gemeinsamen Kochen und Gesprächen über die gemeinsame Zukunft. Es war zwischendurch heftig und laut, vor allem, weil der neue Manager das Image des Teams sehr kritisch reflektierte.

Danach waren neue Entscheidungen mit allen Mitarbeitern möglich. Der Zusammenhalt hatte sich seither erheblich gebessert und das Team konnte unter neuer Führung im Verlauf von drei Monaten eine gute Performance in der Umsetzung zeigen.

Apple – ein Weltkonzern und sein Kampf gegen Dark Leader

Vor einiger Zeit konnte ich ein Gespräch mit einem HR-Business Partner der deutschen Niederlassung von Apple führen. Einer Person, die für die professionelle Personalarbeit und auch die Rekrutierung neuer Mitarbeiter zuständig ist. Ich fragte ihn, was der Konzern gegen das Phänomen Dark Leadership unternehmen würde. Er antwortete darauf, man nutze zwei sogenannte investigative Linien, sogenannte Helplines, damit solche problematischen Persönlichkeiten möglichst rasch entdeckt werden und im Unternehmen Apple nicht toxisch agieren können. Die Business Conduct Helpline und die Employee Relations Helpline. Jede dieser Linien umfasse sehr eigenständige Prozesse. Die Business Conduct Helpline ist ein Netzwerk, ein Draht, der bis hinauf in das Top-Management reiche. Die Employee Relations Helpline wiederum geht über Human Ressources, also die Abteilung meines Gesprächspartners.

Bei Beschwerden eines Mitarbeiters über Mobbing oder schlechte Behandlung wird ein Prozess ingang gesetzt, der schließlich dazu führt, dass ein neutraler Interviewer beauftragt wird. Diese Person kommt nicht aus dem unmittelbaren Umfeld des Mitarbeiters und arbeitet auch außerhalb des regionalen Umfelds der jeweiligen Niederlassung. Dahinter verbirgt sich der besonders von US-amerikanischen Unternehmen hochgeschätzte *Code of Conduct* – also der in der Firma gültige Verhaltenskodex. Mit diesen beiden investigativen Linien will man problematischen Entwicklungen in den Reihen der Mitarbeiter entgegenwirken, da man befürchtet, andernfalls den Code of Conduct nicht erfüllen zu können.

Der neutrale Interviewer hat die Aufgabe, vorbehaltlos das gesamte System zu überprüfen und Widersprüche beziehungsweise Übereinstimmungen aufzudecken. Er soll sich widersprechende Aussagen herausfiltern und herausfinden, ob es übereinstimmende Aussagen über ein problematisches Verhalten zu einer Person gibt.

Mein Gesprächspartner beschrieb in dem Zusammenhang Vorfälle in den Apple-Stores, bei denen männliche Kollegen weibliche Mitarbeiter betatscht hätten. Der Konzern nehme so etwas nicht auf die leichte Schulter, sondern vertrete eine klare Haltung – solch ein Verhalten darf nicht hingenommen und muss vehement geahndet werden. Das sei unter anderem dem besagten Code of Conduct geschuldet und daher sei man darin auch sehr konsequent.

Außerdem ist nach Überzeugung Apples eine Führungskraft ein Repräsentant des Unternehmens. Verhält sich eine Führungskraft jedoch wie ein Dark Leader, dann schadet das dem Employer Branding, also dem gewünschten Image der Marke gegenüber ihren Mitarbeitern. Dieses Image will man pflegen, um auch künftig bei der Suche nach neuen Mitarbeitern erfolgreich zu sein und als attraktiver Arbeitgeber wahrgenommen zu werden.

Wird nun ein problematischer Mitarbeiter erkannt, dann greift der sogenannte PIP beziehungsweise Performance Improvement Plan. Den nutzt man allerdings nur in Deutschland, da es gerade hier besonders schwierig ist, eine Führungskraft loszuwerden – in den USA gestalte sich so etwas laut Apples HR-Mann deutlich einfacher. Im Rahmen dieses Plans erhält die Person zunächst einmal ein Training zum Thema angemessene Verhaltensweisen. Anschließend wird nochmals geprüft, ob die Person ihre Verhaltensweisen entsprechend geändert hat oder ob trotz Training alles beim Alten ist.

Interessant fand ich in diesem Zusammenhang eine weitere Aussage meines Gesprächspartners bei Apple. Der sagte nämlich, das System sei immer mit schuld, wenn es zu derartigen Vorfällen komme. Verfolge man derartige Ansätze nicht, dann könne es immer wieder zu Situationen kommen, in denen eine Führungskraft agieren kann, wie sie will.

Apple beginnt daher sehr früh mit dem Gegenlenken und sensibilisiert die Mitarbeiter bereits in der Anfangsphase ihrer Laufbahn für diese Thematik. Dafür steht etwa das sogenannte Apple Credo, in dem ausgeführt ist, wie man in dem Unternehmen miteinander arbeiten möchte: Mit der Entscheidung für Apple entscheide sich der Mitarbeiter für die Achtung ethischer Werte. Will ich hier arbeiten, dann muss ich mich daran halten, es quasi verinnerlichen.

Die vom Unternehmen gepflegte Arbeitskultur müsse sich darüber hinaus am Business-Modell orientieren, so mein Gesprächspartner bei Apple. Bis heute ist das allerdings eine sehr amerikanische Herangehensweise. Bei uns kennen wir immer noch jene Firmen, bei denen Plakate mit Ausführungen über die edlen Grundwerte in den Fluren hängen, die jedoch im Endeffekt kaum mehr als bloßer Wandschmuck sind.

Bei Apple und einigen anderen US-Unternehmen dagegen hat man eine andere Herangehensweise. Man ist der Überzeugung, diese Werte wirklich vertreten zu müssen, weil nur dann die Menschen in den Stores gut gestimmt sind, was sich schließlich in den Verkaufserfolgen niederschlägt.

Das hängt natürlich auch mit dem speziellen Geschäftsmodell beziehungsweise dem Unternehmensaufbau einer Marke wie Apple zusammen. In einer Unternehmensberatung würde man vermutlich anders mit der Thematik umgehen, weil dort die Mitarbeiter nie ständig in einem Büro nebeneinander arbeiten. Das dürfte laut meines Gesprächspartners von Apple dazu führen, dass sich dort Dark Leader stärker durchsetzen können, weil innerhalb dieser Unternehmenskultur eine intensivere Beschäftigung mit Problemen nicht als zwingend notwenig erachtet wird und die Problemfälle letztlich einfach bleiben.

Man muss trotzdem betonen, dass Apple nicht aus reinem Selbstzweck oder Gutmenschentum so handelt. Das Ziel besteht vielmehr darin, beim Recruiting erfolgreich zu sein, sich also quasi die besten Bewerber aus einer möglichst großen Gruppe aussuchen zu können.

Denn gerade die IT-getriebenen Firmen auf dem deutschen Markt stehen vor dem Problem, dass es zu wenig Nachwuchs gibt. Zudem ist die Generation Z, diejenigen also, die ab etwa 1995 geboren wurden, sehr wählerisch. Diese jungen Menschen erleben Politik als äußerst ineffektiv, und sie sind überzeugt, dass jeder Einzelne mithelfen und auf die Welt aufpassen muss. Der Arbeitgeber wird in diesem Zusammenhang als eine Art Plattform angesehen, um die Welt positiv zu verändern.

Eine Firma wie Apple steht also vor der herausfordernden Situation, dass es immer weniger Leute gibt, die sie beschäftigen kann – kündigt dann einer, tut es besonders weh. Genau deswegen, so der HR-Business Partner des Unternehmens, tue man alles, um die Menschen im Unternehmen zu halten, und genau deswegen nutze man die investigativen Linien, um sich gegen das Problem Dark Leadership zu schützen.

Schlussbemerkung

Menschen mögen charismatische Anführer. Ihre Überzeugungskraft wirkt oft unwiderstehlich, sie inspirieren andere. Sie können eine Art Kraftschub darstellen, weil sie als heroisch oder gar als eine Art Übermensch angesehen werden. Charisma kann auf diese Weise positive Resultate mit sich bringen, es kann aber in bestimmten Konstellationen auch zerstörerisch wirken.

Nehmen wir noch einmal das bereits beschriebene Beispiel des Steve Jobs. Dessen narzisstische Persönlichkeit machte Apple groß und sie zerstörte den Konzern später fast. Der späte Steve Jobs war es dann aber wieder, dessen Charisma Apple zu neuen Höhen führte – in Bezug auf die Profite ebenso wie auf das öffentliche Ansehen. Und Apple blieb dieses Mal groß, stürzte weder unter Jobs noch nach dessen Tod noch einmal ab. Hatte sich Jobs oder das Unternehmen inzwischen verändert? Und wie können wir uns, wie können sich Unternehmen gegen die Fallen der dunklen Führerschaft wehren?

Tatsächlich scheint es so, dass das Verteidigen von Werten in Kombination mit ethischen Grundsätzen ein gutes Mittel ist, um nicht zur Beute der *Dark Leader* zu werden. Klare Regeln und Normen vereint mit angemessenem Verhalten sollten daher gestützt und immer wieder verstärkt werden, um entsprechenden Fehlentwicklungen entgegenwirken zu können. Gibt es aber eine Erosion dieser Werte und dazu eventuell noch nur schwer nachvollziehbare und intransparente Entscheidungen, dann ist das ein nahezu perfekter Nährboden für das Entstehen von *Dark Leadership* und das Hervorbrechen der dunklen Seite des Charismas. Um solche Entwicklungen zu unterbinden, ist es außerdem wichtig, Führungskräfte ethisch zu schulen. Das Entwickeln einer solchen ethischen Unternehmenskultur ist der wohl beste Weg, um eine Balance zwischen dem Einfluss von Führungspersönlichkeiten und den Interessen der Mitarbeiter herzustellen.

Über den Autor

Axel Nauert ist Organisations- und Wirtschaftspsychologe. Er betätigt sich als International Consultant, Trainer und Berater bei Dr. Rosenkranz und arbeitet als Mitglied im Bundesverband für Burnout-Prophylaxe und Prävention e. V. oder als NLP-Trainer. Der Autor war lange Zeit für verschiedene Unternehmen tätig und berät heute selbstständig in München.

Anmerkungen

1 https://www.wie-reich-ist.com/logan-paul-vermoegen-verdienst-youtube/
2 https://www.youtube.com/watch?v=hXKNkdjccbY
3 https://www.youtube.com/watch?v=hnQLbXm2mGA
4 http://www.spiegel.de/wirtschaft/unternehmen/oliver-samwer-absturz-des-deutschen-internet-stars-a-1144747.html
5 http://www.handelsblatt.com/finanzen/maerkte/ipo/rocket-internet-masche-unberechenbarer-fuehrungsstil/10611654-4.html
6 https://www.tagesspiegel.de/politik/praesident-auf-lebenszeit-xi-jinping-wird-chinas-neuer-kaiser/21006338.html
7 http://www.spiegel.de/politik/ausland/viktor-orban-ungarns-ministerpraesident-will-protest-vor-villen-verbieten-a-1209570.html
8 https://www.welt.de/politik/ausland/article163750172/Was-Erdogans-Praesidialsystem-fuer-die-Tuerkei-bedeutet.html
9 https://netzpolitik.org/2015/kriminologe-pfeiffer-computerspiele-moeglicherweise-fuer-pariser-attentate-verantwortlich/
10 https://www.tweaktown.com/news/59420/witcher-3s-40-second-rule-kept-players-engaged/index.html
11 https://www.forbes.com/profile/richard-branson/
12 https://books.google.de/books?id=9rCh_e8mhksC&pg=PA26&lpg=PA26&dq=richard+branson+psyche&source=bl&ots=IGDt2OBhoO&sig=J5gKmg-5tucA9oefJMJomfWVECY&hl=de&sa=X&ved=0ahUKEwjQ2seU16rbAhVOb5oKHYXPDyUQ6AEIWDAJ#v=onepage&q=richard%20branson%20psyche&f=false
13 https://www.businessinsider.de/richard-branson-das-ist-seine-verrueckte-tagesroutine-2018-2?rand=aia8b#/#undefined
14 https://www.focus.de/gesundheit/ratgeber/psychologie/krankheitenstoerungen/wenn-der-mensch-zum-monster-wird-so-erkennen-sie-einen-psychopathen_id_2734734.html
15 https://www.theguardian.com/commentisfree/2014/jun/03/how-i-discovered-i-have-the-brain-of-a-psychopath
16 https://www.zeit.de/karriere/beruf/2014-05/psychopathen-interview-psychologe-jens-hoffmann
17 https://www.stern.de/panorama/stern-crime/peter-madsen-irgendwann-baten-die-richter-nur-noch-das-noetigste-sehen-zu-muesen-7958300.html
18 http://www.spiegel.de/panorama/justiz/erpressung-quandt-erbin-tappt-in-die-honigfalle-a-587914.html
19 Das zwiespältige Individuum: Zum Person-Gesellschaft-Arrangement Der Moderne, Uwa Schimank
20 https://www.telegraph.co.uk/news/2016/09/13/1-in-5-ceos-are-psychopaths-australian-study-finds/
21 https://www.nytimes.com/2015/05/29/business/dealbook/richard-fuld-breaks-his-silence-since-lehmans-collapse.html?_r=0

22 https://www.youtube.com/watch?v=vY_LqH_pb5o
23 https://www.gerlachreport.com/news/mehmet-goekers-neue-abzockbude-simplex-optima
24 https://www.youtube.com/watch?v=vN4U5FqrOdQ
25 https://www.theguardian.com/books/2017/jun/29/the-one-device-by-brian-merchant-review-secret-history-of-the-iphone
26 https://www.cnbc.com/2017/09/12/why-steve-jobs-almost-prevented-the-apple-iphone-from-being-invented.html
27 http://www.deutschlandfunkkultur.de/held-und-mistkerl-zugleich.950.de.html?dram:article_id=140619
28 http://www.telegraph.co.uk/technology/news/8958170/Steve-Wozniak-on-Breakout-Atari-and-Steve-Jobs.html
29 https://www.focus.de/digital/computer/steve-wozniak-kritisiert-apple-kult-vieles-was-ueber-steve-jobs-erzaehlt-wird-ist-falsch_id_3748431.html
30 http://www.typentest.de/blog/2013/02/die-personlichkeit-von-steve-jobs/
31 http://www.spiegel.de/spiegel/print/d-87818605.html
32 http://www.manager-magazin.de/unternehmen/artikel/lars-windhorst-wunderkind-nicht-mehr-geschaeftsfuehrer-von-sapinda-a-1166318.html
33 http://www.manager-magazin.de/unternehmen/artikel/lars-windhorst-kauft-mit-sapinda-luxus-und-dessousmarke-la-perla-a-1195530.html
34 https://www.amazon.de/Psychologische-Personalauswahl-Einf%C3%BChrung-die-Berufseignungsdiagnostik/dp/3801708659
35 https://www.amazon.de/Die-Masken-Niedertracht-Seelische-dagegen/dp/342336288X
36 http://www.milgram-experiment.com/
37 https://www.youtube.com/watch?v=doFpACkiZ2Q
38 https://www.simplypsychology.org/asch-conformity.html
39 https://wuecampus2.uni-wuerzburg.de/moodle/mod/book/view.php?id=322112&chapterid=5249
40 https://www.zeit.de/wirtschaft/2015-05/tesla-elon-musk-spacex/seite-2
41 http://www.spiegel.de/spiegel/print/d-13525041.html
42 https://www.businessinsider.de/der-safe-quoll-ueber-vor-lauter-geld-elon-musks-vater-ueberrascht-mit-behauptungen-2018-2
43 https://www.businessinsider.de/der-safe-quoll-ueber-vor-lauter-geld-elon-musks-vater-ueberrascht-mit-behauptungen-2018-2
44 https://www.rollingstone.com/culture/features/elon-musk-inventors-plans-for-outer-space-cars-finding-love-w511747
45 http://homepage.univie.ac.at/michael.trimmel/mws00_haas.htm
46 http://lexikon.stangl.eu/4490/volition/
47 https://upstreamwm.com/approach/the-niagara-syndrome/
48 http://www.br-online.de/jugend/izi/deutsch/Grundddaten_Jugend_Medien.pdf
49 http://www.kas.de/upload/dokumente/2014/04/140404-BK-Diss.pdf
50 http://www.spiegel.de/spiegel/alice-weidel-die-afd-spitzenkandidatin-erstaunt-fruehere-weggefaehrten-a-1167859.html
51 https://www.nytimes.com/2005/03/06/books/review/the-sociopath-next-door-ruthless-people.html
52 https://www.shz.de/regionales/hamburg/gerrit-und-frederik-braun-ihr-grosser-traum-ganz-klein-id18187036.html

Stichwortverzeichnis

40-Sekunden-Regel 43-49

A

Abschottung von emotionalem Stress 111
Aktionale Phase 157
Allgemeine Verrohung 39, 41
Antisoziale Persönlichkeitsstörung 57, 180
Apple 92-98, 125, 185, 189-193
Aufmerksamkeitsdefizit 46, 49-52
Autonomy 118

B

Bagatellisierung von Problemen 102
Bewerber richtig einschätzen 129
Biografische Fragebögen 130

C

Caesar 155
Certainty 118-120, 163
Charme als Schutzschild 103

D

Dark Leadership 5ff., 9, 11f., 17, 34, 36, 51, 58, 76
Dark Leadership im Alltag 83
Deckmantel der Normalität 55
Die Generation Influencer 24
Die Welle 34f.
Dopamin-Ausschüttung 137
Dunja Hayali 37f.
Dunkle Triade 5, 109

E

Egomanen 83, 93, 103
Elon Musk 147-154
Emotionskontrolle 156
Empfindlichkeit 104f.
Energien erzeugen 159

F

Fähigkeiten des Narzissten 103
Fairness 118ff.
Fokussieren 47, 159f.
Fünf Kompetenzen der Volition 158

G

Gebrüder Braun 183
Generation YouTube 18
Glückshormon 137

H

Helle Seite des Narzissten 109

K

Kampf gegen Dark Leader 189
Kinder von Social Media 15

Konformitätsexperiment von Asch 140
Konkurrierende Motivationstendenzen 156
Konsistenz-Falle 69-71, 80
Krieger-Gen 172

L

Lars Windhorst 110-114
Leadership der Dummen 34
Lilles Weg 167
Logan Paul 17-23

M

Machiavellismus 5f., 37, 109, 119, 169
Massenbeeinflussung 40
Mehmet E. Göker 73
Milgram-Experiment 138, 140
Monopolisierung 125
Motivationskontrolle 156

N

Nächste Manager-Generation 18
Narzissmus 5f., 22, 89, 91f., 103, 109, 119, 147
Neue Kaiser 33
Neue Umgangsformen 39
nicht territorialer Arbeitsplatz 18
Normalität des Regelbruchs 39

O

Opferforschung 141f.
Orientierung an der sozialen Gültigkeit 141

P

Pablo Escobar 65-68
Peter Madsen 58, 60-63, 69, 71, 80
Phasen der Volition 157
Planen und Probleme lösen 159
Postaktionale Phase 157
Präaktionale Phase 157
Prädezisionale Phase 157
Profilingvalues 129f.
Psychopathen erkennen 77
Psychopathie 5f., 57, 63, 69, 73, 79, 109, 119
Psychosomatische Beschwerden 11, 86

R

Relatedness 118-120
Richard Branson 46f.
Rocket Internet 26, 171
Rubikonmodell 146, 155, 158

S

Samwer-Brüder 26, 28f., 171
SCARF-Modell 50, 119ff., 115
Schauspielerei 69, 71
Sehnsucht nach starken Führern 31
Selbstvertrauen und Zielorientierung 159
Soziales Chamäleon 64
Soziopathen 135, 172, 175-180
Spiegelneuronen 137
Status 109, 118f., 137
Steve Jobs 92-98, 193
Steve Wozniak 95
Stresshormone 118

T

The Push 139, 142

U

Umgang mit Soziopathen 178
Unfehlbarkeit 97
Ursprung des Bösen 133, 136

V

Verletzungen nach dem SCARF-Modell 121
Volition 143, 145f., 156-160

W

Wege aus dem Aufmerksamkeitsdefizit 49
Willenskraft 28, 143, 145, 147, 150, 153, 156f.
Wunsch nach einfachen Wahrheiten 161

Z

Zielbezogene Selbstdisziplin 160

Die Formel für Glück

Der Weg zu einem glücklichen Leben

Seine Botschaft ist klar: Wir Menschen sind gemacht, um glücklich zu sein. Mo Gawdat befasst sich schon seit Jahren mit dem Thema Glück und stellte eine Gleichung für dauerhaftes Glücklichsein auf. Jahre später kam der härteste Test für Gawdats Glücksalgorithmus – sein Sohn verstarb völlig unerwartet mit 21 Jahren. Doch die Gleichung ging auf und verhinderte, dass er und seine Familie in völlige Verzweiflung abglitten.

Seine Formel hilft heute jedem, wieder klarer zu sehen, die richtigen Prioritäten zu setzen und so zufriedener in die Zukunft zu starten – ob privat oder im Beruf. *Die Formel für Glück* beantwortet somit eine der häufigsten Fragen: Was kann ich tun, um glücklich zu sein?

384 Seiten
Hardcover
19,99 € (D) | 20,60 € (A)
ISBN 978-3-86881-687-7

www.redline-verlag.de

REDLINE | VERLAG